中国区域环境保护丛书
新疆环境保护丛书

新疆环境污染防治

《新疆环境保护丛书》编委会　编著

中国环境出版社·北京

图书在版编目（CIP）数据

新疆环境污染防治/《新疆环境保护丛书》编委会编著. —北京：中国环境出版社，2014.5
（中国区域环境保护丛书. 新疆环境保护丛书）
ISBN 978-7-5111-1833-2

Ⅰ. ①新… Ⅱ. ①新… Ⅲ. ①环境污染—污染防治—概况—新疆 Ⅳ. ①X508.245

中国版本图书馆 CIP 数据核字（2014）第 080328 号

出 版 人　王新程
策划编辑　徐于红
责任编辑　连　斌
文字编辑　谷妍妍
责任校对　唐丽虹
封面设计　彭　杉

出版发行　**中国环境出版社**
　　　　　（100062　北京市东城区广渠门内大街 16 号）
　　　　　网　　址：http://www.cesp.com.cn
　　　　　电子邮箱：bjgl@cesp.com.cn
　　　　　联系电话：010-67112765　编辑管理部
　　　　　　　　　　010-67121726　生态（水利水电）图书出版中心
　　　　　发行热线：010-67125803，010-67113405（传真）
印　　刷　北京市联华印刷厂
经　　销　各地新华书店
版　　次　2014 年 9 月第 1 版
印　　次　2014 年 9 月第 1 次印刷
开　　本　787×960　1/16
印　　张　11.75
字　　数　150 千字
定　　价　38.00 元

《中国区域环境保护丛书》

总编委会

顾　问　曲格平

主　任　周生贤

副主任（按姓氏笔画排序，下同）

于莎燕　马俊清　马顺清　牛仁亮　石　军
艾尔肯·吐尼亚孜　刘力伟　刘新乐　孙　伟
孙　刚　江泽林　许卫国　齐同生　张大卫
张杰辉　张　通　李秀领　沈　骏　辛维光
陈文华　陈加元　和段琪　孟德利　林木声
林念修　郑松岩　洪　峰　倪发科　凌月明
徐　鸣　高平修　熊建平

委　员　马懿　马承佳　王国才　王建华　王秉杰
邓兴明　冯　杰　冯志强　刘向东　严定中
何发理　张　全　张　波　张永泽　李　平
李　兵　李　清　李　霓　杜力洪·阿不都尔逊
杨汝坤　苏　青　陈　添　陈建春　陈蒙蒙
姜晓婷　施利民　姬振海　徐　震　郭　猛
曹光辉　梁　斌　蒋益民　缪学刚

专家组　万国江　王红旗　刘志荣　刘伯宁　周启星
夏　光　常纪文

《中国区域环境保护丛书》

总编委会办公室

顾　　问　刘志荣
主　　任　王新程
常务副主任　阚宝光
副　主　任　李东浩　周　煜　吴振峰

《新疆环境保护丛书》

刁春娜　谭金敬　彭小武　焦　键　张　璋
徐　静　余　琳　朱海涌　兰文辉　岳战林
殷小炜　李梦蛟　马　运　邓　葵　高利军
王保民　王维隆　熊建新　李　涛（女）
蔺　蕊　赵锋涛　李运江　冯伟科　张　鹏
张　薇　依明江·莫合买提　刘　晶　覃　岩
任纲举　刘　刚　于春方　关舒元　努尔泰
王保伟　温玉彪　石雪梅　马忠明　曾弋航
刘　佳　李万刚　袁新杰　杜新宪
吾买尔江·阿不力孜　师庆东　李　进
吾斯尼古丽·阿不力克木
美克热依·阿布力提甫　郑　洁
胡友华　张占江　时良辰　刘忠瑞
阿尔达克·木拉提　吴洪文　汪　剑　谢　勇
李全省　张　健　郭树芳　张文俊　朱建新
李新琪　何京亮　李　刚　左　强　魏邦亿
道　仁　唐德清　哈妮帕·阿不拉别克
代　燕　孟剑英　赵志刚　袁国映　王　欣
李　涛（男）　吐鲁洪·卡德尔　黄韶华
陈玉新　杨　春　张　凌　晏河清　潘玉敏
张军林　薛仲华　徐　辉　徐　星　武　新
董亚明　孟晓燕　周旭东

《新疆环境污染防治》

编纂部

主　任　王一建

副主任　丁晓伍　李维东　谢海燕

主要编纂人员　袁新杰　吾买尔江·阿不力孜　杜新宪

师庆东　郭树芳　张文俊　李　进

王保伟　吾斯尼古丽·阿不力克木

美克热依·阿布力提甫　朱建新

李新琪　何京亮　李　刚　左　强

魏邦亿　道　仁　唐德清

哈妮帕·阿不拉别克

代　燕　王　欣　谢海燕

参与编纂人员　李　媛　张灵燕

总序

继承历史，不断创新，努力探索中国环保新道路

环境保护事业在中国伴随着改革开放的进程已经走过了30多年的历史，这30多年来，几代环保人经过艰苦卓绝的探索、奋斗，使我国的环境保护事业从无到有，从小到大，从弱到强，从默默无闻到进入国家经济政治社会生活的主干线、主战场和大舞台，我们的环保人创造了属于自己的辉煌历史。

毛泽东说过，"看历史，就会看到前途"，"马克思主义者是善于学习历史的"。从过去的30几年，我们能切实感受到环境保护事业的发展壮大，更切实感受到环境保护事业的美好前景和未来；作为继往开来的环保人，我们同样感受着我们这一代环保人必须承担起的历史责任。我们必须继承前辈们的优良传统，继承他们积累的丰富经验，根据新的形势、新的任务、新的要求，在探索中国环保新道路的征程中奋力前行，全面开创环境保护的新局面。

可以说，中国环境保护的历史就是不断探索中国环保新道路的历史。上个世纪70年代初，立足于工业化起步和局部地区环境污染有所显现的现实，我们开始探索避免走先污染后治理的环保道路。特别是改革开放30多年来，付出了艰辛的努力，在新道路的探索中，环

保事业不断发展，探索重点与时俱进，国家环保机构也实现了"三次跨越"。在 1973 年第一次全国环保会议上提出的"全面规划、合理布局、综合利用、化害为利、依靠群众、大家动手、保护环境、造福人民"的 32 字方针的基础上，上个世纪 80 年代确立了环境保护的基本国策地位，明确了"预防为主防治结合，谁污染谁治理，强化环境管理"的三大政策体系，制定了八项环境管理制度，向环境管理要效益。进入 90 年代后，提出由污染防治为主转向污染防治和生态保护并重；由末端治理转向源头和全过程控制，实行清洁生产，推动循环经济；由分散的点源治理转向区域流域环境综合整治和依靠产业结构调整；由浓度控制转向浓度控制与总量控制相结合，开始集中治理流域性区域性环境污染。步入"十一五"以来，我们按照历史性转变的要求，确立了全面推进、重点突破的工作思路，提出从国家宏观战略层面解决环境问题，从再生产全过程制定环境经济政策，让不堪重负的江河湖泊休养生息，努力促进环境与经济的高度融合，积极实践以保护环境优化经济增长的路子。这一系列重大决策部署和环保系统坚持不懈的努力，大大推进了探索环保新道路的历程，积累了丰富的经验。历任环保部门的老领导都是探索中国环保新道路的先行者，几代环保人都是探索中国环保新道路的实践者。

历史是宝贵的财富，继承历史才能创造未来。探索中国环保新道路必须继承几代环保人积累下来的宝贵财富。有了继承才有创新，因为每一个创新都是对过去实践经验的总结和升华。因此，学习和掌握环境保护的历史，既是我们工作的需要，也是我们作为环保人的责任。

《中国区域环境保护丛书》（以下简称《丛书》）的编纂出版为我们了解、学习环境保护的历史提供了独特的平台。《丛书》是 2008 年在我国实施改革开放 30 周年和我国环境保护工作开创 35 周年之际启动的一项重大环境文化建设工程，第一次从区域环境的角度，对我国环境保护的历史进行了全面系统的总结、归纳和梳理，充分展现了 30 多年来我国各省市自治区环境保护工作取得的卓越成就，展现了环境保护事业不断发展壮大的历史，展现了几代环保人不懈奋斗和追求的历程。

要继续探索中国环保新道路，继承是基础，创新是动力。当前，积极探索中国环保新道路，已经成为环保系统的普遍共识和自觉行动。我们要努力用新的理念深化对环境保护的认识，用新的视野把握环境保护事业发展的机遇，用新的实践推动环境保护取得更大的实际成效，用新的体制机制保障环境保护的持续推进，用新的思路谋划环境保护的未来。以环境保护优化经济发展，以环境友好促进社会和谐，以环境文化丰富精神文明，为经济社会全面协调可持续发展作出更大贡献。

环境保护新道路是一个海纳百川、崇尚实践、高度开放的系统工程，是一个不断丰富、不断发展、不断提高的过程，在探索的道路上需要所有环保人前赴后继，永不停息。当前，新的探索已经起步，前进的路途坎坷不平。越是身处逆境，越是形势复杂，越要无所畏惧，越要勇于创新。要以海洋一样博大的胸怀，给那些勇于探索、大胆实践的地方、单位、个人，创造更加宽松的环境，提供施展才华的舞台，让他们轻装上阵、纵横驰骋。要继承 30 多年来探索环境保护新道路实践的伟大成果，借鉴人类社会一切保护环境的有益经验，站在新的历史起点上，大胆实践，不断创新，将中国环境保护新道路的探索推向一个新的阶段！

环境保护部部长

《中国区域环境保护丛书》总编委会主任

二〇一一年六月

编者的话

　　《新疆环境保护丛书》是新疆环境保护发展史中的一个发展实录，反映了新疆"十一五"以来环保事业取得的成就和经验。《丛书》共分为五部分，分别为《新疆环境科学研究》、《新疆环境管理》、《新疆环境污染防治》、《新疆生态环境保护》和《新疆环境发展规划》。

　　《新疆环境污染防治》是《新疆环境保护丛书》的一个分册，其反映了新疆环境污染防治工作的真实情况，也反映了新疆环境污染防治所取得的成就。

　　本书分为九章，共30节。主要纂写了新疆水体、大气、固体废物、噪声、工农业污染防治和突发环境事件应急处理、清洁生产与循环经济以及环保产业发展概况等内容。主要介绍了本区域水污染控制、饮用水水源地保护、城市大气污染防治综合治理、机动车污染防治的主要概况；还介绍了不断完善工业噪声、噪声污染功能区划和达标区建设，同时介绍了保持全区重点污染源放射性污染水平基于国家标准水平以下，制定了发展循环经济的协调机制，设立了环境应急响应办事机构等方面的情况。

　　本书经过各有关部门、单位的支持配合，编写人员的辛勤写作，本着严谨求实的态度，搜集了大量文献资料和实时数据，记录了新疆环境污染防治事业发展的概况。新疆维吾尔自治区第八次党代会把环境保护提到了前所未有的高度，要求一切开发建设必须坚持"环保优先、生态立区"，必须遵循资源开发可持续、生态环境可持续。这给环保事业的发展也带来了新的契机，希望广大环保工作者及读者通过本系列丛书能全面了解新疆环境保护的发展史，为推动新疆环保事业发展，探索中国区域环境保护新道路作出更大的贡献。

目录

第一章　绪论

　　污染防治是运用技术、经济、法律及其他管理手段和措施，对污染源的污染物排放状况进行监督和控制。长期以来，新疆维吾尔自治区党委、人民政府高度重视污染防治和生态环境保护工作，坚持环境与经济协调发展，坚持污染防治与生态保护并重，努力提高可持续发展能力。随着污染防治工作不断深入，启动了一批工业污染防治、城镇污水、生活垃圾、危险废物处置等建设项目，大力推进清洁生产和循环经济工作，从源头减少污染。

第一节　污染防治工作历程

一、2000 年以前的污染防治工作

　　新疆环境污染防治工作是从 20 世纪 60 年代末期治理乌鲁木齐水磨河污染开始的。水磨河是流经乌鲁木齐市东侧的一条流程仅 30 千米、流量 1.1 立方米/秒的小泉水河，流向由南向北。沿岸工矿企事业单位排放大量废水，使水磨河变为一条排污河，影响下游农业、渔业生产，污染地下水，造成环境危害，民众反映强烈。1969 年，新疆维吾尔自治区人民委员会（时称革命委员会）在生产指挥组设立污水治理组，负责水磨河污染治理的协调管理工作。1976 年，成立水磨河污染治理领导小组

及其办事机构——水磨河污染治理办公室。截至1982年,沿河27家单位的污染治理项目完成60%,污染仍未根除。

20世纪70年代末至80年代初,新疆对企事业单位的"三废"污染,采取点源治理与重点源限期治理相结合的方式,取得了成效。

1. 污染源治理

（1）重点污染企业限期治理的沿革

1978年,新疆维吾尔自治区经济委员会、计划委员会、环境保护局联合下达了"新疆维吾尔自治区第一批污染源限期治理项目"。限期治理的单位和项目主要有石河子造纸厂、八一毛纺织厂等32家大中型企业的34个项目。

1985年2月,新疆维吾尔自治区人民政府环境保护委员会下达了"新疆维吾尔自治区第二批污染源限期治理厂矿企业名单",25个单位的27个项目列入其中。在实施过程中,其中有6个单位的6个项目转入"三同时"和技改项目管理。有19个单位的21个项目被确认限期治理。在规定期限内基本按期完成治理任务的有9项,占总项目数的42.8%,投资约870万元;采取过渡措施治理,未达到要求的有3项,占总项目数的14.3%;部分完成的有3项,占总项目数的14.3%;未完成的有6项,占总项目数的28.6%。完成限期治理任务的阿克苏大光棉毛纺织厂废水基本实现了达标排放;哈密磷肥厂经过治理,不仅消除了含氟尾气的污染,而且对氟硅酸钠也实行了回收利用。

部分地、州、市结合当地实际情况,根据新疆维吾尔自治区实施限期治理的要求,也下达了辖区限期治理任务。乌鲁木齐市以燃煤设施消烟除尘为重点,1985—1986年两年分批更换除尘器460台,市区大气总悬浮颗粒由1982年的1.05毫克/立方米下降到1986年的0.63毫克/立方米,降尘量由95.05吨/（月·平方千米）下降到24.67吨/（月·平方千米）。1984—1986年,限期治理完成了290个单位的1 147个固定噪声源，居民区的环境噪声由 1985 年的 50 分贝（A）下降为 1986 年的 43 分贝（A）。巴音郭楞蒙古自治州 1986 年下达 10 项限期治理任务，当年竣工 6 项，年处理废水量 106.2 万吨，年废气处理量 1.06 亿立方米。阿勒泰地区 1986 年下达完成了 36 家单位的限期治理任务，限期搬迁了 3 家严重污染克兰河的企业和严重污染市区大气环境的两家单位。

1987 年，新疆维吾尔自治区人民政府环境保护委员会下达了"新疆维吾尔自治区第三批污染源限期治理项目"，对污染严重的 13 家企业的 14 个项目规定了治理要求和完成期限，其中废水治理项目 9 个，废气治理项目 5 个。经过两年时间的治理，石河子八一糖厂等 7 个单位的 8 个项目按期或基本按期完成了治理任务，占下达计划项目的 57.1%，治理投资 760 万元，废水处理能力达 18 700 吨/日，废气处理能力达 720 万立方米/日。

1999 年，新疆维吾尔自治区人民政府环境保护委员会下达了"新疆维吾尔自治区第四批污染源限期治理项目"，包括 64 家企业的 71 个项目。经过两年努力，43 家企业的 50 个项目如期完成治理任务，占治理计划项目总数的 70.4%；9 家企业自然停产、1 家企业破产，占 14.1%；4 家小造纸企业依法淘汰，占 5.6%；7 家企业未完成计划任务，占 9.9%。

（2）"六五"到"九五"计划各年度污染防治任务

20 世纪 80 年代，环境污染防治工作以治理现有工业"三废"（废水、废气、废渣）污染和城市环境污染为重点展开（表 1-1）。

1981 年，投入污染治理资金 1 902 万元，新增废水处理能力 1.86 万吨/日，新增废气处理能力 13.59 万立方米/时，新增固体废物处理能力 13.45 万吨/年。工业废水处理率达到 24.0%，工业固体废物综合利用率达到 14.2%。

1982 年，安排治理项目 203 个，当年竣工项目 135 个，工业废水处理率为 16.2%，工业固体废物综合治理率为 26.7%。

表 1-1　1981—2000 年新疆年度污染防治情况统计

| 序号 | 年份 | 污染治理资金/万元 | 污染治理项目/个 | 当年竣工项目/个 | 其中 | | | | | 竣工项目完成投资/万元 |
					废水治理项目	废气治理项目	固废治理项目	噪声治理项目	其他	
1	1981	1 902.0	—	—	—	—	—	—	—	—
2	1982	2 465.0	203	135	—	—	—	—	—	—
3	1983	1 556.0	88	60	—	—	—	—	—	—
4	1984	2 927.0	157	98	—	—	—	—	—	—
5	1985	3 624.0	245	218	—	—	—	—	—	—
6	1986	3 813.0	426	310	54	117	14	101	24	2 765.0
7	1987	3 427.0	389	286	55	128	22	55	26	2 878.0
8	1988	5 695.0	420	339	72	123	17	97	30	263.0
9	1989	7 085.0	259	232	48	122	13	43	6	6 180.0
10	1990	5 138.0	236	214	50	117	19	24	4	4 584.0
11	1991	9 309.2	380	288	103	110	27	35	13	8 025.6
12	1992	7 041.7	334	277	63	130	30	43	11	9 924.0
13	1993	14 204.9	446	386	98	165	56	44	23	8 564.8
14	1994	13 704.9	449	387	67	247	17	45	11	10 015.0
15	1995	23 934.3	434	371	110	186	27	30	18	17 049.5
16	1996	19 326.0	124	118	41	62	11	3	1	—
17	1997	13 394.4	94	112	24	77	6	3	2	—
18	1998	25 734.1	123	111	25	69	5	4	8	—
19	1999	13 520.2	108	101	22	69	5	3	2	—
20	2000	22 310.9	203	198	64	117	5	7	5	—

　　1985 年，老工业污染源在技术改造中逐步得到治理，当年投入污染治理资金 3 624 万元，安排污染治理项目 245 个，当年竣工项目 218 个，新增废水处理能力 3.12 万吨/日，废气处理能力 71.80 万立方米/时，固体废物处理能力 2.27 万吨/年。工业废水处理率达 32.2%，工业废气处

理率达 31.2%，工业固体废物综合治理率达 42.5%。

1986 年，实施污染治理项目 426 个，投入污染治理资金 3 813 万元，当年完成治理项目 310 个，工业废水处理率达 34.0%，实现工业废水达标率 43.9%，工业废气处理率 60.8%，工业固体废物综合治理率 35.4%。

1990 年，实施污染治理项目 236 个，投入污染治理资金 5 138 万元，工业废气处理率达到 70.6%。1986—1990 年，五年间共实施污染治理项目 1 730 个，投入治理资金 25 158 万元。

1991 年，安排治理项目 380 个，其中工业企业 366 个，投入污染治理资金 9 309.2 万元，当年完成治理项目 288 个，工业企业 274 个，工业废水处理率达 53.2%，工业废气综合处理率达 72.3%，工业固体废物综合治理率达 46.8%。

1995 年，实施污染治理项目 434 个，其中工业污染治理项目 397 个，投入污染治理资金 23 934 万元。已建工业废水处理设施 374 套，当年新增 45 套，工业废水处理率达到 58.1%；工业废气处理有较快增长，处理率达到 81.4%。1991—1995 年，五年间共实施工业污染治理项目 1 550 个，投入污染治理资金 68 186 万元，其中用于工业污染治理资金 63 500 万元。

1996 年，实施工业污染治理项目 124 个，当年竣工项目 118 个，投入治理资金 19 326 万元。工业废水处理率达 70.7%，工业废气处理率达 85.6%，工业固体废物综合治理率达 61.6%。

2000 年，实施工业污染治理项目 203 个，当年竣工项目 198 个，投入治理资金 22 311 万元。工业废水处理率提高到 77.2%，工业废气处理率达 95.6%。1996—2000 年，五年间实施污染治理项目 652 个，投入治理资金 94 286 万元，较"八五"期间污染治理投资增加了 38.3%。

20 世纪 90 年代实施环境污染综合防治，配合各阶段重点工作，以实现排污总量控制和污染源达标排放为目标,加大了年度污染源限期治理的力度(表1-2)。

表1-2 1991—2002年新疆年度污染源限期治理情况统计

序号	年份	当年应完成限期治理项目数/项	当年应完成项目计划投资额/万元	当年实际完成限期治理项目数/项	完成项目投资额/万元	关停并转		搬迁	
						企业数/个	车间/个	企业数/个	车间/个
1	1991	14	719.0	11	703.0	1	—	1	—
2	1992	25	327.0	17	209.0	10	1	1	3
3	1993	54	2 110.3	43	1 922.4	15	0	1	3
4	1994	183	6 636.2	166	6 615.4	17	10	3	0
5	1995	123	3 802.0	100	2 227.0	16	10	3	24
6	1997	227	457.5	214	3 759.1	207	51	1	0
7	1998	210	2 987.5	183	10 835.5	67	—	—	—
8	1999	286	18 725.7	185	7 095.1	52	—	—	—
9	2000	812	42 162.0	695	48 822.7	288	—	13	—
10	2001	—	—	47	22 869.5	10	—		
11	2002	—	—	168	11 837.8	72(含搬迁企业数)			

(3)锅炉消烟除尘改造

在进行工业污染治理的同时,1981年2月新疆维吾尔自治区第五届人大常委会第八次会议审议通过了《新疆维吾尔自治区消烟除尘管理条例》,推动了消烟除尘工作的开展。主要是对容量1吨以上的燃煤锅炉和工业炉窑进行治理改造(表1-3)。

表1-3　1981—1990年新疆锅炉、工业炉窑改造情况统计

序号	年份	改造锅炉总数/台	其中		改进工业炉窑数/座	其中	
			已改造/台	改造率/%		已改造/座	改造率/%
1	1981	2 767	1 004	36.3	549	58	10.6
2	1982	3 269	1 464	44.8	623	70	11.2
3	1983	3 327	1 702	51.2	485	105	21.7
4	1984	3 626	2 411	66.5	547	121	22.1
5	1985	4 094	2 883	69.9	620	130	21.0
6	1986	4 058	3 056	75.3	1 052	145	13.8
7	1987	4 309	3 492	81.0	1021	161	15.8
8	1988	4 515	3 613	80.0	881	182	20.7
9	1989	5 150	4 269	82.9	903	184	20.4
10	1990	5 309	4 425	83.3	991	240	24.2

2. 取缔、关停"十五小"企业

1996年，新疆贯彻落实《国务院关于环境保护若干问题的决定》，自治区人民政府颁发了《新疆维吾尔自治区人民政府关于进一步加强环境保护工作的决定》。依照规定，对超标排放污染物的排污单位责令限期治理；对污染严重、浪费资源、能源的小造纸厂、小制革厂、小染料厂、土法炼焦企业、土法炼硫生产企业责令取缔；对土法炼油、选金、电镀、炼汞、炼铅锌等生产企业责令关闭或停产，共15种小型生产企业，简称取缔、关停"十五小"企业。根据1996年的调查摸底，新疆应取缔、关停的"十五小"企业有362家，其中小造纸企业20家、小制革企业120家、土法炼焦企业108家、土法炼油企业76家、小电镀企业26家，其他企业12家。后又扩展至关停小油毡企业。到1998年新疆已基本完成关停任务。为了巩固取缔、关停"十五小"企业的成果，自治区人民政府下发了《关于继续抓好取缔、关闭和停产15种污染严重企业的通知》，要求各地进一步对"十五小"企业的取缔、关停情况

进行清理和复查，重点是取缔、关闭不彻底的"十五小"企业。阿克苏地区在清理复查中再次取缔 18 家小炼焦企业，关闭 19 家小炼油企业；乌鲁木齐市查处了 7 家小企业，有效地防止"十五小"企业的易地再建和死灰复燃。

3. 实施"一控双达标"

贯彻落实《国务院关于环境保护若干问题的决定》的另一项重要任务是实施"一控双达标"。其内容是到 2000 年新疆主要污染物排放总量控制在国家规定的排放总量指标以内；所有工业污染源主要污染物达到规定的排放标准；自治区首府及重点城市环境空气、地面水环境质量达到功能区规定的标准。

新疆从 1997 年开始实施"一控双达标"工作。当年新疆环境保护局编制下达了《新疆维吾尔自治区主要污染物排放总量控制计划》和《自治区实施主要污染物排放总量控制计划工作方案》，确定对 12 项主要污染物的排放实行总量控制，即：

大气污染物指标 3 项：烟尘、工业粉尘、二氧化硫；

废水污染物指标 8 项：化学需氧量、石油类、氰化物、砷、汞、铅、镉、六价铬；

固体废物指标 1 项：工业固体废物排放量。

根据实施总量控制的要求，将这 12 项主要污染物排放总量控制计划指标逐级、分行业按年度分解、削减核定，落实到各个企业，按年度实施。重点对新增污染源的污染物排放总量严加控制。以总量计划指标和 1995 年的 12 项污染物排放量为基础进行对比。到 2000 年底，12 项污染物实际排放量全部控制在规定的总量指标以内，完成情况见表 1-4。

表1-4 2000年新疆12项主要污染物总量控制指标完成情况

污染物	总量控制计划指标	1995年排放量	2000年排放总量	2000年比1995年增减比例/%	2000年比总量控制指标增减比例/%
化学需氧量/万t	46.00	38.50	19.71	−48.81	−57.17
石油类/t	2 136.00	1 929.00	2 131.84	+10.52	−0.19
汞/t	0.12	0.024	0.01	−58.33	−91.67
镉/t	0.10	0.098	0.09	−8.16	−10.0
铅/t	43.50	1.77	1.65	−6.78	−96.21
六价铬/t	5.58	3.60	0.33	−90.83	−94.07
砷/t	7.47	4.88	0.44	−90.98	−94.11
氰化物/t	36.60	35.51	9.08	−74.43	−75.19
二氧化硫/万t	41.00	36.77	31.05	−15.56	−24.27
烟尘/万t	24.00	40.01	20.46	−48.86	−14.75
工业粉尘/万t	16.00	16.83	11.26	−33.10	−29.63
固体废物/万t	136.00	322.00	92.60	−71.15	−31.91

1997年启动工业污染源达标排放工作，在完成2 160家排污单位申报登记工作的基础上，对936家排污超标的工业企业逐一落实污染治理措施，对筛选出的167个重点超标排污企业实行限期治理。1998年新疆维吾尔自治区人民政府批准了《自治区主要工业污染源达标排放计划》，1999年批转了《自治区2000年工业污染源达标排放工作实施方案》和《自治区重点工业污染源限期治理名单》。为全面推进新疆的"一控双达标"工作，新疆维吾尔自治区人民政府于2000年初成立了自治区"一控双达标"工作领导小组，负责组织、指导、协调、督查和考核各地"一控双达标"目标任务的完成情况，并与乌鲁木齐市、巴州、昌吉州签订了"一控双达标"目标责任书。在实施"一控双达标"过程中，自治区多次组织检查组对重点污染企业逐级、逐个进行督促检查，提出了"宜治则治、宜关则关、宜转则转、一厂一策"的达标工作指导思想。通过采取限期治理、取缔和关停并转措施，到2000年底，列入工业污染源

达标考核的 936 家排污企业中，实现主要污染物达标排放的有 604 家，依法关闭（含关停主要排污车间、工段）和停产不排污的有 322 家，达标企业共 926 家，达标率为 98.9%；被确定为重点考核的 167 家排污企业中，完成治理任务、实现主要污染物达标排放的有 81 家，依法关闭（含关停主要排污车间、工段）和停产不排污企业有 84 家，达标企业共 165 家，达标率为 98.8%。

实施重点城市环境质量达标工作，确定乌鲁木齐、克拉玛依、石河子、伊宁、库尔勒和吐鲁番 6 个城市为自治区环境质量达标考核城市。乌鲁木齐市作为国家达标考核重点城市，自 1988 年起，成立了以市长为首的大气污染治理工作领导小组，全面开展城市大气污染治理。通过采取拆并分散采暖锅炉，实行集中供热和联片采暖，饮服炉灶改用清洁能源，限期治理机动车尾气，燃用高标号汽油和无铅汽油，治理工业粉尘污染等措施，大气环境质量有所好转。2000 年空气质量好于III级的有 36 周，占 69.2%，采暖期内有 45.8%的频度处在IV级、V级的污染水平，比 1999 年减少 12.5 个百分点，但空气质量尚未根本好转。克拉玛依、石河子和伊宁 3 个城市经过采取措施治理，空气质量已按功能分区实现达标；库尔勒、吐鲁番因空气中沙尘本底浓度很高，目前难以实现达标。2000 年底，上述 6 个城市的地面水环境质量按功能分区已实现达标或基本达标。

二、"十五"期间污染防治工作

2001 年，共完成工业污染治理项目 106 个。工业废水治理能力已达 74.24 万吨/日，新增废水处理设计能力 9.28 万吨/日，工业废水处理率达 78%，排放达标率达 60.40%；工业废气治理能力已达 2 732.18 万立方米/时，新增废气处理设计能力 153.16 万立方米/时，工业废气治理率达 96.00%；工业固体废物治理能力已达 7.96 万吨/年，工业固体废物综合利用率达 49.40%。与 2000 年相比，废水处理率、废气处理率和固体废物综合利用率分别增长 0.8%、0.4%和 8.2%。新疆工业污染源又有 43 家完成治理任务,实现达标排放。全面开展县级以上医院的污染治理,完成 70 家医院的污水治理任务,医院污水治理率达 38%。

2002 年,共完成工业污染治理项目 85 个。工业废水治理能力达 83.06 万吨/日,新增废水处理设计能力 5.75 万吨/日,工业废水排放达标率 68.12%;工业废气治理能力 2 940.40 万立方米/时,新增废气处理设计能力 208.22 万立方米/时;工业锅炉烟尘排放达标率 84.52%;工业固体废物综合治理率 65.54%,工业固体废物综合利用率 49.64%。与 2001 年相比,工业废水排放达标率、工业锅炉烟尘排放达标率和工业固体废物综合利用率分别增长了 7.72%、0.58%和 0.21%。新增 21 家工业污染源完成治理任务,实现达标排放。

2003 年,共完成工业污染治理项目 94 个。其中,完成工业废水治理项目 32 个,新增工业废水设计处理能力 5.27 万吨/日;工业废气治理项目竣工 48 个,新增工业废气设计处理能力 203.29 万立方米/时;工业固体废物治理项目竣工 6 个,新增工业固体废物处理能力 116 吨/日。完成排污口整治 4 206 个。

2004 年,共完成工业污染治理项目 110 个。其中,完成工业废水治理项目竣工 42 个,新增工业废水设计处理能力 5.24 万吨/日;完成工业废气治理项目竣工 51 个,新增工业废气设计处理能力 213.21 万立方米/时;工业固体废物治理项目竣工 7 个,新增工业固体废物设计处理能力 0.65 万吨/日。完成排污口治理 5 263 个。工业废水、废气排放达标率均比 2003 年有所提高。

2005 年,共完成工业污染治理项目 153 个。其中,完成工业废水治理项目 49 个,新增工业废水设计处理能力 19.6 万吨/日;完成工业废气治理项目 59 个,新增工业废气设计处理能力 219.2 万立方米/时;工业固体废物治理项目 6 个,新增工业固体废物设计处理能力 440 吨/日。工业废水、废气排放达标率均比上年有所提高。新疆当年建成投产项目 1 033

个，应执行"三同时"的项目 1 020 个，实际执行"三同时"的项目 997 个，"三同时"执行率为 97.7%，比 2004 年增加 0.7 个百分点；"三同时"合格项目 968 个，合格率为 94.9%，比 2004 年增加 3.1 个百分点。

第二节　污染防治基本政策

一、遵循环境保护基本方针

在防治环境污染方面，实行"预防为主、防治结合、综合治理"的方针；在自然保护方面，实行"自然资源开发、利用与保护、增殖并重"的方针；在环境保护的责任方面，实行"谁污染谁治理，谁开发谁保护"的方针。

新疆严格按照国家的环境保护基本方针，开展环境保护工作。

二、实施环境管理基本政策

1．预防为主，防治结合政策

预防为主，防治结合政策就是围绕在经济发展和建设过程中，防止环境污染的产生和蔓延的政策。这一环境保护的根本目标，把环境保护纳入国家和地方的中长期及年度国民经济和社会发展计划；对开发建设项目实行环境影响评价制度和"三同时"制度；预先采取措施，避免或者减少对环境的污染和破坏；把环境污染控制在一定范围，通过各种方式有效控制污染水平的政策。

2．谁污染，谁治理政策

谁污染，谁治理政策是国际上通用的污染者付费原则的体现，即由污染者承担其污染的责任和费用。其主要措施：对超过排放标准向大气、水体等排放污染物的企事业单位征收超标排污费,专门用于防治污染;对严重污染的企事业单位实行限期治理;结合企业技术改造防治工业污染。

3. 强化环境管理政策

强化环境管理政策的主要目的是通过强化政府和企业的环境治理责任,控制和减少因管理不善带来的环境污染和破坏。其主要措施:逐步建立和完善环境保护法规与标准体系,建立健全各级政府的环境保护机构及国家和地方监测网络;实行地方各级政府环境目标责任制;对重要城市实行环境综合整治定量考核。

"十一五"期间,新疆坚持在发展中保护环境,在保护环境中优化发展,认真执行环境管理制度,充分发挥环保在经济发展中的宏观调控作用。严格把关,调控"两高一资"等高污染项目的建设。积极开展规划环评试点工作,自治区 14 个重点试点规划项目有序展开。开辟了自治区建设项目环评绿色通道,把重大建设项目、基础设施建设项目、民生和扶贫项目、节能减排项目等纳入绿色通道,加快环评审批进度,主动为经济建设服务。下放了部分建设项目审批权限,发挥基层环保监管作用。加强环境管理制度化建设,改进规划环评和建设项目环评管理,环境管理更加规范,服务水平不断提高。"十一五"期间,自治区本级共审批环评文件 1 512 个,其中纳入绿色通道管理项目的有 415 个,总投资为 794.21 亿元,有力地促进了自治区重点建设项目的顺利实施。

三、加大环境管理和执法力度

"十一五"期间,新疆以解决影响环境质量和人民群众身心健康的突出问题为着力点,严查重处各类环境违法行为。每年都开展整治违法排污企业、保障群众健康环保专项行动,加强对重金属污染企业、畜禽养殖业和饮用水水源地集中检查和专项治理。5 年间,出动 9.7 万人次,检查企业 4.5 万多家次，查处环境违法企业 1 080 多家，对违法违规企业进行了严肃查处和整改，一些群众反映强烈的突出环境问题得到解决。大力开展新疆重点危险废物专项检查，摸清了新疆危险废物基本情况；建成了自治区危险废物处置中心、放射性废物库和 11 个医疗废物处置设施，固废收储监管工作得到加强。开展辐射环境监测监察，依法发放辐射安全许可证，审核新疆放射性同位素应用单位，取证率达到了100%。

第二章　水污染防治

第一节　水污染防治的环境管理

一、水污染防治的工作职责

根据《中华人民共和国水污染防治法》，新疆县级以上人民政府应当将水环境保护工作纳入国民经济和社会发展规划，应当采取防治水污染的对策和措施，对本行政区域的水环境质量负责。

各级经济调节与管理部门、市场监管与执法监督部门，以及重要江河、湖泊的流域水资源保护机构，根据各自的职责，制定有利于水污染控制的经济政策，为水污染控制项目的立项、资金提供支持，在促进水污染控制项目的实施等方面开展工作，并在各自职责范围内对水污染控制实施监督管理。加强水环境保护的宣传教育。

排放水污染物，不得超过国家或者地方规定的水污染物排放标准和重点水污染物排放总量控制指标。

任何单位和个人都有义务保护水环境，并有权对污染损害水环境的行为进行检举。县级以上人民政府及其有关主管部门对在水污染防治工作中做出显著成绩的单位和个人给予表彰和奖励。

新疆县级以上人民政府环境保护行政主管部门依据环境制度和环

境技术，对水污染控制工作实施监督管理。

二、水污染防治的法制建设

新疆在地方立法和政策制定过程中，加强了以重点流域为主要、以饮用水水源地保护为重点的水污染控制法制建设，先后制定了《乌鲁木齐市饮用水水源保护区管理条例（2002 年）》、《博斯腾湖水环境保护条例》、《昌吉州饮用水水源保护条例（2011 年）》等。加强饮用水安全方面的法律法规是新疆环境法制宣传教育的重要内容之一，"四五"、"五五"普法期间，自治区先后利用板报、宣传册、新闻报道等形式广泛宣传水污染防治的有关知识。

三、水污染防治环境管理

1. 加强建设项目环境影响评价和"三同时"制度管理

新疆对新建、扩建、改建向境内水体排放污染物的项目，尤其是在重点控制区域内建设的项目，要求必须遵守国家有关建设项目环境保护管理的规定。对向水体排放污染物的建设项目的环境影响报告书，必须对建设项目可能产生的水体污染和对生态环境的影响作出评价，规定防治措施，并按照规定的程序报环境保护行政主管部门审查批准。建设项目投入生产或者使用之前，其水污染控制设施必须经过环境保护行政主管部门验收，达不到国家有关建设项目环境保护管理规定的要求的建设项目，不得投入生产或者使用。

在国务院和新疆维吾尔自治区人民政府划定的风景名胜区、自然保护区、文物保护单位附近地区和其他需要特别保护的区域内，不得建设污染水环境的工业生产设施；建设其他设施的，其水污染物的排放不得超过规定的排放标准。

2．实施总量控制

按照公开、公平、公正的原则，核定企业事业单位的主要水污染物排放总量，确定削减任务，督促实施节能减排。

3．环境保护目标责任制和城市环境综合整治定量考核

在环境保护目标责任制和城市环境综合整治定量考核过程中，把水污染防治的指标，作为考核的重要内容纳入考核范围，在全自治区范围内实施考核，并根据考核结果进行激励和奖罚。

4．水污染源的监督管理

水污染源的监督管理主要是在水污染控制中执行排污申报登记制度、排污许可证制度和限期治理等三项制度。

（1）实施排污申报登记制度

对向水体排放污染物的生产单位，要求其必须按照国家规定向所在地的环境保护行政主管部门申报拥有的污染物排放设施、处理设施和在正常作业条件下排放污染物的种类、数量、浓度，并提供防治水污染方面的有关技术资料。要求排污单位排放水污染物的种类、数量、浓度有重大改变的，必须及时申报；其水污染物处理设施必须保持正常使用，拆除或者闲置水污染物处理设施的，必须事先报经所在地的县级以上地方人民政府环境保护行政主管部门批准。

新疆把排污申报登记表和环境统计报表合并一次性调查，做到数据统一，方法统一和分析结果统一。

（2）实施限期治理

对污染严重的重点污染源，制定限期达标计划，要求重点污染源要在规定的期限达到水环境质量标准，并根据授权和规定采取更加严格的措施。

5．实施排污收费制度

按照向水排放污染物的种类和数量征收排污费，征收的排污费一律上缴财政，用于水污染防治。

四、环境技术管理

依据环境监测、环境监察、环境规划、环境标准、环境统计以及污染治理资金投入等集合环境技术管理，制订污染防治规划，及时报告城市空气质量状况，监督污染源达标排放情况。

1．规划编制

根据水环境质量状况和环境保护规划目标，划定水污染防治重点城市和区域，制定了《伊犁河流域水污染防治规划》、《额尔齐斯河流域水污染防治规划》、《博斯腾湖流域水污染防治规划》等流域水污染控制规划，开展流域水环境保护和污染防治。

2．加强监测

对设市城市实施水环境质量监测，组织监测网络，制定统一的监测方法，及时报告城市空气质量变动情况。对水污染重点源实施监督性监测。定期发布环境质量状况公报，环境质量状况公报包括城市水环境污染特征、主要污染物的种类及污染危害程度等内容。

3．环境监察

积极开展环境监察工作，对管辖范围内的排污单位进行现场检查，要求被检查单位必须如实反映情况，提供必要的资料。督促企业优先采用能源利用效率高、污染物排放量少的清洁生产工艺，减少水污染物的产生。检查企业不得采用严重污染水环境的工艺名录和限期禁止生产、禁止销售、禁止进口、禁止使用的严重污染水环境的设备。

4．环境标准

新疆根据重点水污染控制区域制定了相应的地方标准。

5．环境宣传教育

新疆根据水污染控制工作的重点，积极开展各种环境保护宣传活动、开展绿色创建，促进水环境保护工作。

第二节　重点流域水污染防治

一、伊犁河流域水污染防治

1．水环境质量状况及变化趋势

2010 年伊犁河 10 个国控断面的水质全年均值都在Ⅱ类以上（不含粪大肠菌群），均达到地表水功能目标水质要求，其中 2 个断面水质达到Ⅰ类标准，水质较优。"十一五"期间，伊犁河流域干流断面Ⅰ至Ⅲ类水质比例逐年上升，2008 年以后达标率为 100%。支流断面Ⅰ至Ⅲ类水质比例在 66.7%～100% 之间波动，平均达标率为 87.4%，伊犁河流域水质有所好转，支流无明显变化。

2．伊犁河流域工业废水排放情况及变化趋势

伊犁州工业废水排放的重点区域为奎屯市、伊宁市、新源县、霍城县和伊宁县，工业废水排放量占全州的 86.8%。主要行业为食品制造业、农副食品加工业、化学纤维制造业、纺织业和金属矿采选业，2010 年工业企业年废水排放量 1 104.44 万吨，其中伊犁河干流接纳的废水量最大

为 435 万吨，占入河废水量的 47%，其次为巩乃斯河、喀什河及特克斯河。伊犁州属的企业年工业废水中排放化学需氧量为 11 350.97 吨，氨氮为 243.69 吨。"十一五"期间工业废水排放量呈现先升后降的趋势，与"十五"末相比，工业废水排放量增加了 448.64 万吨，增幅为 68.4%，化学需氧量增加了 2 760.64 吨，增幅为 32.1%，工业废水排放达标率上升了 17.11%。

3．伊犁河流域生活废水排放情况及变化趋势

2010 年伊犁州生活源废水排放总量为 6 962 万吨，生活源废水化学需氧量排放总量为 17 092 吨，氨氮为 1 811 吨。2010 年伊犁州有二级生活污水处理厂两座，实际处理废水 1 684.1 万吨。其中，生活废水 1 468.4 万吨，工业废水 215.7 万吨，全州生活废水处理率为 21.09%。与"十五"末相比，"十一五"末伊犁州生活废水排放量增加了 564 万吨，增幅为 8.8%，生活废水中化学需氧量增加了 658 吨，增幅为 4%，氨氮减少了 322 吨，降幅为 15.1%。

4．伊犁河流域水污染防治工作开展情况

①编制完成了《伊犁河流域水污染防治规划（2006—2015 年）》，并于 2008 年 12 月底经新疆维吾尔自治区人民政府批复实施，为伊犁河流域污染防治工作提供了科学依据。

②加强了对污染源监管，严格执行建设项目"环境影响评价"和"三同时"制度。"十一五"期间，伊犁州共审批环境影响评价文件 3 480 个。严格环境执法、积极推进城镇污水处理和垃圾填埋等基础设施建设等综合措施，推进了伊犁河流域水污染防治。2005 年，伊犁河流域废水治理设施数 41 套，废水治理设施治理能力 52 596 吨/日，二级污水处理厂 1 个，污水处理能力 40 000 吨/日。2010 年底，伊犁河流域工业废水主力设施数 45 套，废水治理设施处理能力 481 288 吨/日，二级污水处

理厂 2 个，污水处理厂处理能力 65 000 吨/日，流域共建有氧化塘 9 个。

③全面推行排污许可证制度，加强对重点污染排放单位的审核和监管，推进流域污染物总量控制，全面实现伊犁河流域工业污染源稳定达标排放。对流域重污染企业实施清洁生产强制审核，强化管理，削减工业污染物排放。"十一五"期间，伊犁州主要污染物总量控制指标化学需氧量排放控制目标为 24 764 吨，二氧化硫控制目标为 31 000 吨。截止到 2010 年，化学需氧量排放量为 23 671.36 吨，二氧化硫排放量为 30 333.14 吨，完成了总量控制目标。

④提高了伊犁河流域环境监管能力，加强了水质监测，构建了由国控、省控、市（县）控常规监测断面（点位）与水质自动监测站组成的流域水环境监测网络体系；强化污染源监控，对重点工业污染源和污水处理厂实现了在线监控。2008 年在伊犁河完成"伊犁河 63 团大桥除净断面水质自动站"和"那拉提国家农村空气自动监测子站" 建设。"十一五"期间，国家、自治区向伊犁州环境监测站划拨能力建设资金 1 030 万元。2006—2010 年伊犁州各级环境监察机构共完成排污费征收 7 989.07 万元。伊犁州"以奖促治"项目共计 28 个，争取项目资金 2 346 万元。

⑤积极推进流域生态环境改善。2010 年 8 月 5 日，自治区党委在伊犁召开了"伊犁河流域生态环境保护工作会议"，张春贤书记首次提出了"坚持资源开发可持续、生态环境可持续"的发展道路。截止到 2010 年，伊犁州乡镇"以奖代补"生态创建活动，创建了 4 个自治区级生态乡镇，24 个自治州级生态乡镇和生态村，共完成生态修复项目 3 家，取得有机认证产品基地 11 个。

⑥开展了伊犁河流域环境功能区划，保护水源地和生态环境。伊犁河流域开展环境功能区划，积极落实国家优化开发、重点开发、限制开发、禁止开发的空间功能布局，确定不同地区的发展方向，从区域布局上统筹协调流域经济发展和水环境保护工作。重点对流域干支流源头、

水源涵养区、自然保护区和集中式水源地等禁止开发或限制开发区域开展了水源涵养、水土保持、自然资源保护等工作，实施水源涵养林保育和水土保持相结合的综合治理工程，有效保护水源地和生态环境。

二、额尔齐斯河流域水污染防治

1. 额尔齐斯河水环境质量状况及变化趋势

2010 年，额尔齐斯河流域总体水质状况为优，Ⅰ 至Ⅲ类优良水质比例为 94.1%，5 个干流断面水质优良，12 个支流断面 91.7%为优良水质。"十一五"期间，额尔齐斯河流域干流断面Ⅰ 至Ⅲ类水质比例常年为100%，支流断面水质比例在 88.9%～100%波动，平均达标率为 95.1%。与 2005 年相比，额尔齐斯河流域干流、支流水质均无明显变化。

2. 额尔齐斯河流域工业废水排放情况及变化趋势

额尔齐斯河流域工业废水排放的重点区域为阿勒泰市、富蕴县、福海县和哈巴河县，工业废水排放量占全地区的 84.3%。辖区内只有阿勒泰市以排放工业废水为主，其他县主要排放生活污水。2010 年工业企业年废水排放量 714.43 万吨，阿勒泰地区工业企业年工业废水中排放化学需氧量为 1 054.57 吨，氨氮为 28.9 吨。"十一五"期间工业废水排放量整体呈现逐年增长趋势，与"十五"末相比，工业废水排放量增加了 188万吨，增幅为 35.7%，化学需氧量减少了 5 694.48 吨，降幅为 84.3%，工业废水排放达标率由 45%提高为 85%。

3. 额尔齐斯河流域生活污水排放情况及变化趋势

2010 年，阿勒泰地区生活源污水排放总量为 1 233.41 万吨，生活污水中化学需氧量排放总量为 6 017.04 吨，氨氮为 716.98 吨。阿勒泰地区现有二级生活污水处理厂 1 座。与"十五"末相比，"十一五"末阿勒泰地区生活污水排放量增加了 45.55 万吨，增幅为 3.8%；生活污水中化学需氧量增加了 473.88 吨，增幅为 8.5%；氨氮增加了 81.08 吨，增幅为 12.7%。

4.额尔齐斯河流域水污染防治工作开展情况

①编制完成了《额尔齐斯河流域水污染防治规划（2006—2015 年）》，并于 2008 年 12 月底经新疆维吾尔自治区人民政府批复实施，为额尔齐斯河流域污染防治工作提供了科学依据。

②加强了对污染源监管，严格执行建设项目"环境影响评价"和"三同时"制度，严格环境执法、积极推进城镇污水处理和垃圾填埋等基础设施建设等综合措施，推进了额尔齐斯河流域水污染防治。2005 年，额尔齐斯河流域废水治理设施数 21 套，废水治理设施治理能力 36 969 吨/日，二级污水处理厂 1 个，污水处理能力 15 000 吨/日。2010 年年底，额尔齐斯河流域工业废水主力设施数 23 套，废水治理设施处理能力 197 610 吨/日，二级污水处理厂 1 个，污水处理厂处理能力 15 000 吨/日，流域共建有氧化塘 7 个。

③全面推行排污许可证制度，加强对重点污染排放单位的审核和监管，推进流域污染物总量控制，全面实现额尔齐斯河流域工业污染源稳定达标排放。对流域重污染企业实施清洁生产强制审核，强化管理，削减工业污染物排放，先后关闭了金天山纸浆有限责任公司和菲利华皮革公司，同时加强了额尔齐斯河流域矿山整治工作，地区所属 30 多家矿山废水全部实现了回水利用，达到了零排放。

④提高了额尔齐斯河流域环境监管能力，加强了水质监测，构建了由国控、省控、市（县）控常规监测断面（点位）与水质自动监测站组成的流域水环境监测网络体系；强化了污染源监控，对重点工业污染源和污水处理厂实现了在线监控。"十一五"期间，国家、自治区向阿勒泰地区环境监测站划拨能力建设资金 1 445.05 万元。

⑤积极推进流域生态环境改善。"十一五"期间,阿勒泰地区自然保护区共6个,其中国家级自然保护区1个,省级自然保护区5个,保护区总面积249.2 071万公顷。截止到2010年,阿勒泰地区创建自治区优美乡镇两个,取得有机认证产品基地8个。2007年全地区矿山生态恢复面积为241.521公顷,2008年为1 566.585公顷,2009年为41 064公顷,2010年为211.63公顷。

⑥开展了额尔齐斯河流域环境功能区划,保护水源地和生态环境。额尔齐斯河流域开展环境功能区划,积极落实国家优化开发、重点开发、限制开发、禁止开发的空间功能布局,确定不同地区的发展方向,从区域布局上统筹协调流域经济发展和水环境保护工作。重点对流域干支流源头、水源涵养区、自然保护区和集中式水源地等禁止开发或限制开发区域开展了水源涵养、水土保持、自然资源保护等工作,实施水源涵养林保育和水土保持相结合的综合治理工程,有效保护水源地和生态环境。

三、博斯腾湖流域污染防治

1. 博斯腾湖水环境质量状况及变化趋势

2010年,博斯腾湖17个监测点位水质均为轻度污染,主要超标的污染物为化学需氧量、总氮、高锰酸盐指数。营养状态指数为37.8,为中营养,平均矿化度为1.46克/升,属微咸水。"十一五"期间,博斯腾湖水质为轻度污染,水体矿化度上升7.6%。

2. 博斯腾湖来水及湖泊水位变化情况

近十年来,受湖泊上游用水量逐年增加及自然因素的影响,开都河入湖水量总体呈减少趋势,入湖水量由2000年的35.46亿立方米下降到2010年的29.3亿立方米;湖水水位呈下降趋势,湖面海拔高程由2000

年的 1 048.60 米下降至 2010 年的 1 045.72 米；出水量总体呈增加趋势，出湖水量由 2000 年的 4.06 亿立方米增加至 2010 年的 9.51 亿立方米。

3. 博斯腾湖入湖污染物情况

博斯腾湖入湖污染物主要由河流来水以及工业、农业及生活污水带入。据监测与测算，开都河近十年来水中总氮、化学需氧量和盐分浓度在一定区间内波动；悬浮物浓度变动较大，在 8.00～135.00 毫克/升间波动，表明开都河流域水土流失加剧。但监测的各类水质指标均低于国家《地表水环境质量标准》（GB 3838—2002）III 类标准限值。

农业排水量随农用耕地面积的扩大而增加，主要污染物氮、磷及盐分排放总量有所增加，据统计农用耕地面积由 2000 年的 86.97 万亩增加到 2010 年的 210 万亩（1 亩=1/15 公顷）；经测算，农业年排水量也由 2000 年的 2.174 亿立方米增加至 2010 年的 5.25 亿立方米，总氮、总磷和盐分年排放量均呈现出增加的趋势。

工业及生活污水排放总量随着工业经济的发展和城镇人口的增加有所增加，总体入湖工业和生活污水年排放量分别由 2001 年的 350.5 万吨和 570.0 万吨增加至 2010 年的 970.6 万吨和 927.0 万吨；其中通过"十一五"实施污染减排，建设污水处理设施，2010 年工业主要污染物化学需氧量排放量比 2009 年减少近 50%。生活污水中主要污染物化学需氧量和氨氮年排放量由于城镇人口的增长，总体表现为增加的趋势。其中尽管北四县建设了城镇污水处理厂，但处理效果不佳。

4. 水源区及博斯腾湖湿地状况

巴音布鲁克草原有 80%仍处于退化状态，其中 30%为严重退化。水土流失加剧，个别区域明显出现沙化。根据监测，草场盖度在 2000—2010 年仍没有改善趋势，即从 2000 年的 60%下降至 2010 年的 59%，载畜能力下降；湖盆湿地近年来通过人工育苇虽有所改善，但较历史仍减少

40%，其中主要纳污区减少和退化面积达 80%以上。

5. 博斯腾湖流域水污染防治工作开展情况

环保部以环保科技支撑形式支持资金 2 000 余万元对博斯腾湖生态保护给予支持，其中环保部公益性科研项目两项，"水体污染控制与治理科技重大专项"课题 1 项。"十一五"期间，新疆积极组织实施了《博斯腾湖流域地下饮用水安全性及可持续利用研究》、《博斯腾湖水环境容量测算及区域总量控制研究》，开展了《博斯腾湖芦苇湿地脱氮除磷效果研究》、《博斯腾湖底质环境影响及资源化利用示范研究》等一批工程示范研究，提高了大气、水体等污染控制能力，缩短了与国内先进水平的差距，推进了部分区域（流域）污染控制。

（1）建立法规体系，强化基础工作

巴州先后颁布施行了《博斯腾湖流域水环境保护及污染防治条例（1997 年）》、《开都河源头暨巴音布鲁克草原生态保护条例（2006 年）》、《巴音布鲁克草原生态保护条例（2010 年）》等地方性法规，制定和出台了《关于加强博斯腾湖国家重点风景名胜区管理的意见》，使流域生态建设和环境保护逐步纳入法制化轨道。2008 年 12 月 31 日，新疆维吾尔自治区批准实施了《博斯腾湖流域水污染防治规划》，统筹博湖流域城镇生活、工业污染治理设施以及环保监管能力建设，建立环境科研队伍，初步形成防治体系。新疆水利厅组织开展了开都—孔雀河流域综合规划工作。

（2）强化执法监督，推进博斯腾湖流域污染防治

"十一五"期间，完成了博斯腾湖周边四县（和硕县、和静县、博湖县、焉耆县）城镇生活污水以及制糖、制番茄酱等重点工业企业污染治理工程；加强了环境管理和执法力度，限期完成 23 家企业规范化整治工作，对国控、区控重点企业安装污染源实时监控设施；同时加强了旅游景点污水、垃圾的环境管理；积极推进农村污水、垃圾集中处理，环境整治初见成效。2010 年 6 月 7 日，巴州整治违法排污企业保障群众

健康环保专项行动小组对博湖县饮用水水源保护区环境整治工作进行了专项检查，对水源保护区未设置围栏、没有保护区连界地理界标、未设立警示标志的，要求限期整改。

（3）采取综合措施，加强博斯腾湖流域生态保护

巴州政府从 2006 年开始博斯腾湖上游对小尤鲁都斯盆地草场实行限牧。和静县制定并实施了《巴音布鲁克小尤鲁都斯草原草畜平衡（减牧）方案》、《和静县落实草原生态保护奖励机制实施方案》，实行放牧通行证制度和放牧时限制，明确了草原限牧范围、放牧时间、放牧数量，将夏牧场利用时间从原有的 5 个月减少为 3 个月，牲畜数量由 188 万头（只）减为少 106 万头（只）。积极推进实施"人畜下山来、绿色留高原"，结合国家天然草场退牧还草项目，积极实施生态移民工程，目前已完成搬迁牧民 1 400 户 5 000 余人；积极推进湖泊湿地恢复工程，通过采取多种方式，建设人工育苇基地近 30 万亩，年消耗各类入湖污水约 3 亿立方米，有效减轻了湖泊污染负荷。

（4）对博斯腾湖水资源科学调度，保证湖泊水位

为改善博斯腾湖流域生态环境，根据博斯腾湖水环境功能区划、水环境质量现状、水环境容量和水资源承载能力，巴州人民政府统筹博斯腾湖流域河流、湖泊与地下水资源，兼顾上、中、下游，协调生产、生活、生态用水，对水资源利用进行了科学评估，设定了湖泊预警水位，确保维系湖泊生态稳定和改善水质的要求；同时，严格禁止上游扩大灌溉面积和增加用水量，禁止利用节水变相扩大灌溉等增加用水的行为，科学论证与调度，控制出湖水量，确保出、入湖水量平衡。

（5）采取综合污染防治，控制污染物入湖

禁止在博斯腾湖上游建设污水排放量大的项目；制定并提高区域重点行业污染物排放标准，提升工业及生活污水治理水平，严格控制污染物排放总量；调整灌区农业种植结构，合理施用化肥农药，加强政策引导，鼓励使用有机肥料；加强监管，确保工业及城镇生活污水全部实现

达标排放；加快湖泊湿地恢复，全面系统实施博斯腾湖生态环境保护工程，逐步恢复湿地生态功能，使所有排放的各种污水都能经过湿地处理，禁止各类污水直接入湖，最大限度地减少入湖污染物。

第三节　饮用水水源污染防治

一、新疆城市饮用水水源地水质状况及变化趋势

2010 年，全区城市集中式饮用水水源地总体水质良好。水源地年供水量为 4.71 亿立方米，其中水质达标水源地供水量为 3.76 亿立方米，占总供水量的 79.9%，19 个城市的 39 个水源地中，Ⅰ至Ⅲ类水质占 87.2%，Ⅳ至Ⅴ类水质占 12.8%。"十一五"期间，全区城市集中式饮用水水源地水质总体良好，水质状况维持稳定。Ⅰ至Ⅲ类水质比例降低 1%，劣Ⅴ类水质比例增加 2.6%。2008—2010 年国家环保重点城市乌鲁木齐市和克拉玛依市水源地开展水质特定项目全分析结果显示，监测项目均达标，水质稳定。与 2005 年相比，全区城市集中式饮用水水源地水质无明显变化，水质状况良好。

二、饮用水水源地污染防治工作开展情况

1. 相关地市制定了饮用水水源地地方管理办法和条例

2002 年 3 月 29 日新疆维吾尔自治区第九届人大常委会第二十七次会议，批准了《乌鲁木齐市饮用水水源保护区管理条例》；克拉玛依市制订了"克拉玛依市水务局文件《克拉玛依市水源保护区管理办法》；昌吉州人民政府制定并实施了《昌吉州饮用水水源保护条例》，为饮用水水源保护提供了法律依据。

2. 围绕饮用水水源地污染防治开展了大量基础工作

自 2006 年以来，环保部相继开展了县级以上城市（含县级市）集中式饮用水水源地环境基础状况的调查评估工作，编制完成了《全国城市饮用水水源地环境保护规划》，2008 年又全面开展了城镇饮用水水源地基础环境调查及评估工作，编制完成了《全国城镇饮用水水源地基础环境调查及评估》。为配合环保部的调查工作，在新疆环保厅的组织下，新疆也相继开展了城市、城镇集中饮用水水源地的基础环境调查工作，编写完成了《新疆城市集中式饮用水水源地环境调查与评估》、《新疆城市饮用水水源地环境保护规划》、《新疆城镇饮用水水源地基础环境调查及评估》。另外，为切实加强饮用水水源地环境保护，新疆环保厅组织技术人员针对新疆水源地存在的环境问题，编写完成《新疆城镇集中式饮用水水源地污染防治规划》，为全区饮用水水源地污染防治提供了依据。

3. 完成全区建制镇以上集中式饮用水水源地保护区划分工作

2010 年新疆环保厅组织全区开展了建制镇以上集中式饮用水水源地保护区划分工作，共完成 14 个地（州、市）（不含石河子市）282 个集中式饮用水水源地划分，其中地下水水源地 213 个，地表水水源地 69 个，并上报新疆维吾尔自治区人民政府批复。

4. 饮用水水源地监管能力不断加强

新疆开展了 19 个城市 39 个集中式饮用水水源地的水质监测工作，初步形成了覆盖全区的饮用水水源水质监测网络。全区除乌鲁木齐市、克拉玛依市每年开展一次全分析外，其余各县市水源水质均由地（州、市）环保部门开展监测，监测项目为地表水 29 项，地下水 23 项。

5. 饮用水水源地综合整治不断深入

①依据饮用水水源保护的有关法律法规和水源保护区分级管理制度，对工业污染源实施最严格的整治措施，坚决关闭和取缔了一批一级保护区内的工业污染源；关闭和取缔了二级保护区内排放污染物的工业污染源，对于在二级水源保护区已经存在的工业污染源，由水源地所在县级以上人民政府制订计划，分期予以拆除或关闭。

②合理开发保护区内的土地，对保护区内的土地进行置换，严格控制保护区内的种植面积，对于占用耕地的发展生态农业，逐步降低农药化肥使用，减少农业面源污染。对于保护区内分散式畜禽养殖圈舍应尽量远离取水口，配备粪便、污水污染防治设施，禁止在饮用水水源一级保护区内从事旅游和旅游开发、餐饮、养殖等污染水源的行为。

③在饮用水水源一级保护区内，禁止公路运输有毒有害物质。饮用水水源二级保护区和准保护区，不得建设服务站、加油站，严格限制运输有毒有害物质。根据水源保护区的不同级别，对公路运输的物品及所用车辆进行限制性通行，在进入水源保护区范围入口处，设立检测管理点，对进入保护区的车辆及物品进行检查，防止物品洒落，同时采取车辆限行。

④各地加大了饮用水水源地的宣传力度，充分利用广播、电视、报纸、网络等媒体，开辟专栏专题，宣传饮用水水源保护的重大意义，增强全社会对保障饮用水安全必要性和紧迫性的认识，形成保护饮用水水源安全的强大舆论氛围，引导广大人民群众积极参与和监督饮用水水源保护工作。

第四节 城镇生活污水污染防治

一、总体现状

1. 排放现状

2010 年，全区城镇生活用水量 6.86 亿吨，占总用水量的 51.16%。生活污水排放量 5.83 亿吨，比上年增加 10%，占废水排放总量的 72.42%。生活污水中排放的化学需氧量 13.32 万吨，比上年减少 1.55%；排放氨氮为 2.04 万吨，比上年增加 3.55%。

全区城市生活污水排放量 4.21 亿吨，占全区生活污水排放量的 72.21%。城市生活污水中排放的化学需氧量为 7.09 万吨，氨氮为 1.27 万吨。城市生活污水及主要污染物排放量占城镇生活污染物排放量的 50% 以上。

2. 治理现状

2010 年，全区建有城镇污水处理厂 93 座，总设计处理能力 213.16 万吨/日，其中二级污水处理厂 32 座，设计污水处理能力 152.2 万吨/日；一级加强型氧化塘 15 座，设计处理能力 38.02 万吨/日；坑塘型氧化塘 46 座，设计处理能力 22.94 万吨/日。全区城镇污水处理厂废水集中处理量 3.83 亿吨，其中处理工业废水 0.32 亿吨，处理生活废水 3.51 亿吨，化学需氧量去除量 10.46 万吨，氨氮去除量 0.33 万吨。

3. 达标排放情况

2010 年，纳入例行监测的 32 座城镇二级污水处理厂中，化学需氧量达标排放的有 18 座，达标排放水量 2.09 亿吨；氨氮达标排放的有 16

座，达标排放水量 1.18 亿吨。纳入例行监测的 14 座城镇一级强化氧化塘，化学需氧量达标排放的有 3 座，达标排放水量 241 万吨；氨氮达标排放的有 4 座，达标排放水量 1 188 万吨。

4. 变化趋势

"十一五"期间，全区城镇生活污水排放量显著上升，生活污水中化学需氧量和氨氮排放量平稳上升，全区城镇二级污水处理厂增加 16 座，设计日处理能力增加 56 万吨，累计削减生活化学需氧量 29.98 万吨，生活污水处理率提高了 13.28%。

二、城市生活污水污染防治开展情况

1. 加大了城镇污水配套管网建设力度

"十一五"期间，全区结合自身实际，综合考虑已建及新建污水处理设施的能力和运行要求，抓紧了配套管网的建设，初步做到了配套管网长度与处理能力要求相适应。

2. 全面提升污水处理能力

按照水质控制目标和总量控制要求，严格重点流域和重点区域的城镇污水处理要求。污水处理坚持集中与分散处理相结合的方式，在人口密度较低、水环境容量较大的地方，在满足环保要求的前提下，根据实际条件采取"分散式、低成本、易管理"处理工艺。

3. 加快了污水处理厂的升级改造，加强污泥污染防治的监督管理

对部分已建的污水处理设施进行了升级改造，进一步提高了对主要污染物的削减能力，同时加大了对污泥处置的环境监管，提高了污水处理率和利用率，规范了污泥处置管理，初步形成了污泥处置的全

过程监管。

4．加大了对污水处理厂的监督管理

加大了对污水处理厂的监督检查力度和频次，针对全区城市污水处理厂开展监督性监测，并对城市污水处理厂全部安装在线监控装置，实现污水处理厂出水达标情况的实时、动态监督与管理，严禁污水处理厂超标排放污水。

第三章　大气污染防治

第一节　新疆大气污染防治政策及制度

一、大气污染防治法律及政策

根据《中华人民共和国大气污染防治法》的规定，新疆地方各级人民政府对本辖区的大气环境质量负责，把大气环境保护工作纳入国民经济和社会发展计划，合理规划工业布局，采取防治大气污染的措施，有计划地控制或者逐步削减各地方主要大气污染物的排放总量，保护和改善大气环境。

各级经济调节与管理部门以及市场监管与执法监督部门，根据各自的职责，制定有利于大气污染防治的政策、积极支持大气污染防治项目的实施、给予资金支持等，并在各自职责范围内对大气污染防治实施监督管理。

新疆县级以上人民政府环境保护行政主管部门依据环境制度和环境技术，对大气污染防治实施监督管理。

在地方立法和政策制定过程中，新疆加强了以重点城市为重点的大气污染防治法制建设，先后制定了《乌鲁木齐市大气污染防治条例（2005 年）》《乌鲁木齐市防治机动车排气污染监督管理办法（2007 年）》、

《乌鲁木齐市大气污染防治管理办法（2008年）》等。大气污染防治法律法规是新疆环境法制宣传教育的重要内容之一，"四五"、"五五"普法期间，先后利用板报、宣传册、新闻报道等形式广泛宣传了大气污染防治的有关知识。

二、大气污染防治的环境制度管理

1. 加强建设项目环境影响评价和"三同时"制度管理

新疆对新建、扩建、改建向大气排放污染物的项目，尤其是在大气重点控制区域内建设的项目，要求必须遵守国家有关建设项目环境保护管理的规定。对向大气排放污染物的建设项目的环境影响报告书，必须对建设项目可能产生的大气污染和对生态环境的影响作出评价，规定防治措施，并按照规定的程序报环境保护行政主管部门审查批准。建设项目投入生产或者使用之前，其大气污染防治设施必须经过环境保护行政主管部门验收，达不到国家有关建设项目环境保护管理规定要求的建设项目，不得投入生产或者使用。

在国务院和新疆维吾尔自治区人民政府划定的风景名胜区、自然保护区、文物保护单位附近地区和其他需要特别保护的区域内，不得建设污染大气环境的工业生产设施；建设其他设施的，其大气污染物的排放不得超过规定的排放标准。

2. 实施总量控制

按照公开、公平、公正的原则，核定企业事业单位的主要大气污染物排放总量，确定削减任务，督促实施节能减排。

3. 环境保护目标责任制和城市环境综合整治定量考核

在环境保护目标责任制和城市环境综合整治定量考核过程中，把大气污染防治的指标,作为考核的重要内容纳入考核范围,在全自治区范围内实施考核,并根据考核结果进行奖励和惩罚。

4.大气污染源的监督管理

大气污染源的监督管理主要是在城市大气污染防治中执行排污申报登记制度、排污许可证制度和限期治理等三项制度。

（1）实施排污申报登记制度

对向大气排放污染物的生产单位,要求其必须按照国家规定向所在地的环境保护行政主管部门申报拥有的污染物排放设施、处理设施和在正常作业条件下排放污染物的种类、数量、浓度,并提供防治大气污染方面的有关技术资料。要求排污单位排放大气污染物的种类、数量、浓度有重大改变的,必须及时申报;其大气污染物处理设施必须保持正常使用,拆除或者闲置大气污染物处理设施的,必须事先报经所在地的县级以上地方人民政府环境保护行政主管部门批准。

新疆把排污申报登记表和环境统计报表合并一次性调查,做到数据统一、方法统一和分析结果统一。

（2）实施限期治理

对污染严重的重点污染源,制订限期达标计划,要求重点污染源要在规定的期限达到大气环境质量标准,并根据授权和规定采取更加严格的措施。

5.实施排污收费制度

按照向大气排放污染物的种类和数量征收排污费,征收的排污费一律上缴财政,用于大气污染防治。

三、环境技术管理

新疆依据环境监测、环境监察、环境规划、环境标准、环境统计以及污染治理资金投入等集合环境技术管理，制订污染防治规划，及时报告城市空气质量状况，监督污染源达标排放情况。

1. 规划编制

根据大气环境质量状况和环境保护规划目标，划定大气污染防治重点城市和区域，制订相应的大气污染防治规划。

2. 加强监测

对设市城市实施大气环境质量监测，组织监测网络，制定统一的监测方法，及时报告城市空气质量变动情况。对大气污染重点源实施监督性监测。定期发布大气环境质量状况公报，大气环境质量状况公报应当包括城市大气环境污染特征、主要污染物的种类及污染危害程度等内容。

3. 环境监察

积极开展环境监察工作，对管辖范围内的排污单位进行现场检查，要求被检查单位必须如实反映情况，提供必要的资料。督促企业优先采用能源利用效率高、污染物排放量少的清洁生产工艺，减少大气污染物的产生。检查企业不得采用严重污染大气环境的工艺名录和限期禁止生产、禁止销售、禁止进口、禁止使用的严重污染大气环境的设备。

4. 环境标准

根据重点大气污染防治区域制定了相应的地方标准。

5. 环境宣传教育

根据大气污染防治工作的重点，积极开展各种环境保护宣传活动、开展绿色创建，促进大气环境保护工作。

第二节　重点城市大气污染防治

一、乌鲁木齐市空气质量现状及变化趋势

2010 年，乌鲁木齐市空气质量达标天数 266 天，占全年天数的 72.88%。三级天数 90 天，四级天数 5 天，五级 4 天。全年二氧化硫排放量 10.01 万吨，氮氧化物排放量 13.73 万吨，烟尘排放量 4.58 万吨。"十一五"期间空气质量达标天数由 2006 年的 246 天增长为 2010 年的 266 天，增加了 20 天，优良率由 67.4%变为 72.88%，综合污染指数呈不显著下降趋势，二氧化硫排放量呈显著下降趋势，二氧化氮排放量有所上升。

二、乌鲁木齐市大气污染防治工作开展情况

1．组织成立了各级协调工作机构

从 1998 年实施第一轮蓝天工程开始，历届自治区党委、自治区人民政府都高度重视乌鲁木齐市的大气污染防治工作，致力于解决乌鲁木齐市大气污染问题。自治区成立了由努尔·白克力主席为组长的乌鲁木齐市大气污染治理领导小组，乌鲁木齐市成立了以自治区党委常委、乌昌党委书记、市委书记朱海仑为总指挥的乌鲁木齐市大气污染治理综合协调指挥部，组建了总指挥部办公室、供热能源结构调整指挥部、化工污染企业搬迁改造指挥部、机动车污染治理指挥部及各区县分指挥部。

2．以规划和立法引导大气污染防治工作

乌鲁木齐市先后制定了《乌鲁木齐市 2006 年度燃煤锅炉并网改造实施方案》、《乌鲁木齐市 2007 年大气污染治理实施方案》，出台了《乌

鲁木齐市大气污染防治条例》、《乌鲁木齐市防治机动车排气污染管理办法》和《乌鲁木齐市大气污染防治条例实施细则》，2008 年发布了《乌鲁木齐市四二阶段大气污染治理实施方案》、《乌鲁木齐市"十一五"环境保护专项规划》。为落实《国务院关于进一步促进新疆经济社会发展的若干意见》（国发[2007]32 号），编制了《乌鲁木齐市大气污染防治综合规划》，出台了《燃煤锅炉大气污染物排放标准（修订）》、《乌鲁木齐市高污染物燃料禁燃区区划》、《乌鲁木齐市燃煤供热锅炉天然气改造资金补贴方案》以及《乌鲁木齐市中心城区企业搬迁优惠政策》等。2010年编制完成了《乌鲁木齐市大气污染防治项目建设规划》、《乌鲁木齐市大气污染治理实施方案（2010—2014）》、《乌鲁木齐市供热能源结构调整实施方案（2010—2014）》、《中心城区污染企业搬迁方案》等规划及方案。按照国务院办公厅《关于推进大气污染联防联控工作改善区域空气质量的指导意见》（国办发[2010]33 号）的要求，编制完成了《乌鲁木齐市大气污染联防联控实施方案》，并经自治区人民政府批复实施。

3．环境执法力度进一步加大

一是严格执行建设项目环境影响评价和"三同时"制度。提高建设项目审批效率，把好项目环保准入关。

二是加大环境执法度，及时解决群众关心的热点和难点问题。并根据新疆维吾尔自治区人民政府办公厅《关于今冬明春在乌鲁木齐市及周边区域开展大气污染联防联控工作的通知》要求，新疆环保厅自2010年起在乌鲁木齐市采暖期组织兵团环保局、乌鲁木齐市环保局和昌吉州环保局开展了乌鲁木齐区域（乌鲁木齐市、昌吉市、五家渠市、阜康市）重点企业大气污染排放状况及污染治理设施运行情况的联合检查和交叉检查，对超标排污企业进行严厉查处。同时，乌鲁木齐市对八钢、华泰、石化企业实施驻场监察。

三是按时完成常规监测和国控区控重点污染源监督性监测，积极开展采暖期大气污染治理专项行动，对乌鲁木齐市燃煤设施进行全面检测。

四是深入开展整治违法排污企业保障群众健康环保专项行动。

4. 乌鲁木齐市大气污染防治工程治理进展情况

2010 年，乌鲁木齐市大气污染防治工程投资 30.27 亿元，完成 4 大类 20 项大气污染治理重点项目建设，新建 4 个空气监测站点，实施 20 套污染源在线监测建设工程，建成 5 座大气边界气象观测塔。完成对 69 座锅炉房 158 台燃煤锅炉的热电联产并网，新增热电联产供热面积 2 229 万平方米，大力实施锅炉煤改气工程，对 81 座锅炉房 163 台燃煤供热锅炉进行煤改气，新增天然气等清洁能源供热面积 1 112 万平方米，拆并城乡结合部燃煤小锅炉 1 476 台，搬迁 7 家污染企业，转产 3 家企业完成 27 家单位的限期治理改造。

"十一五"期间，乌鲁木齐市通过优化供热结构，发展热电联产、集中供热及天然气采暖，先后建设南区热网、沙区热网、苇电三期热网和米东热网等热电联产项目，5 年共拆并各类分散燃煤锅炉 14 081 台，对 21 879 台分散燃煤锅炉进行了并网改造；对 195 家超标排污企业进行了限期治理，推进并完成了乌石化、八钢、天山水泥等企业的脱硫除尘设施建设和工艺改造。热电联产供热面积由 2006 年的 800 万平方米，增加到 2010 年的 3 500 万平方米；清洁能源供热面积由 2006 年的 520 万平方米，提高到 2010 年的 1 950 万平方米。"十一五"期间，通过总量减排工作共完成二氧化硫减排 56 599.76 吨，化学需氧量减排 12 037.46 吨，超额完成了自治区下达的减排任务。

第三节　机动车污染防治

一、机动车污染防治历程

1. 国家相关文件

2004 年 4 月 30 日环保部下发《关于成立机动车污染防治专家委员会的通知》(环函[2004]124 号);2004 年 8 月 17 日环保部下发《关于加强在用机动车环保定期检测工作的通知》(环发[2004]114 号);2009 年 6 月 1 日国务院办公厅下发《国务院办公厅关于转发发展改革委等部门促进扩大内需鼓励汽车家电以旧换新实施方案的通知》(国办发[2009]44 号);2009 年 7 月 13 日,财政部、商务部、中宣部、国家发展改革委、工业和信息化部、公安部、环境保护部、交通运输部、工商总局、质检总局联合下发《关于印发汽车以旧换新实施办法的通知》(财建[2009]333 号);2009 年 7 月 22 日环保部下发《关于印发机动车环保检验合格标志管理规定的通知》(环发[2009]87 号);2009 年 12 月 10 日环保部下发《关于印发机动车环保检验机构管理规定的通知》(环发[2009]145 号);2011 年 3 月 21 日环保部下发了《关于开展机动车环保检验机构检查整治工作的通知》(环办[2011]33 号)。

2. 自治区相关文件

2006 年 1 月 12 日《转发关于印发 2005—2007 年在用机动车污染防治工作要求的通知的通知》(新环控发[2006]15 号);2006 年 8 月 17 日《关于转发国家环保总局关于加强在用机动车环保年检工作的通知的通知》(新环控发[2006]266 号);2009 年 9 月 14 日《转发环保部关于落实汽车以旧换新政策鼓动黄标车提前报废的通知》(新环控发[2009]343

号）；2009 年 11 月 18 日《转发环保部印发机动车环保检验合格标志管理规定通知的通知》（新环控发[2009]57 号）；2010 年 8 月 11 日《关于开展机动车环保检验机构发展规划编制工作的通知》（新环防发[2010]344 号）。

二、全区机动车污染现状

2010 年，全区机动车废气中排放总颗粒物 1.68 万吨，排放碳氢化合物 13.38 万吨，排放氮氧化物 21.17 万吨，排放一氧化碳 105.85 万吨。城市机动车废气中总颗粒物排放量占全区的 53.85%，一氧化碳排放量占全区的 48.15%，氮氧化物排放量占全区的 41.67%，碳氢化合物排放量占全区的 51.67%。

全区机动车废气中总颗粒物排放量最大的地区为乌鲁木齐市、最小的为吐鲁番地区，分别占全区机动车废气中总颗粒物排放量的 26.27% 和 0.48%。一氧化碳排放量最大的地区为乌鲁木齐市、最小的为阿勒泰地区，分别占全区机动车废气中一氧化碳排放量的 18.03% 和 1.72%。氮氧化物排放量最大的地区为乌鲁木齐市、最小的为克州，分别占全区机动车废气中氮氧化物排放量的 25.73% 和 2.1%。碳氢化合物排放量最大的地区为乌鲁木齐市、最小的为克州，分别占全区机动车废气中碳氢化合物排放量的 19.57% 和 1.9%。

"十一五"期间，全区机动车保有量快速增长，年均增长率为 13.9%，汽车尾气中各种污染物排放量均逐年增长，但增幅均低于机动车保有量的增幅。

与 2005 年相比，2010 年全区机动车氮氧化物排放量增加 7.8 万吨，增长 58.38%，年均增长率为 9.63%；一氧化碳排放量增加 42.95 万吨，增长 68.28%，年均增长率为 10.97%；颗粒物排放量增加 0.58 万吨，增长 52.62%，年均增长率为 8.82%；碳氢化合物排放量增加 3.94 万吨，增长 41.81%，年均增长率为 7.24%（表 3-1）。

表 3-1　2010 年各地区机动车污染物排放情况

地区名称	机动车保有量/辆	颗粒物/t	NO$_x$/t	CO/t	碳氢化合物/t
乌鲁木齐市	395 718	4 419.57	54 476.8	190 819.5	26 183.99
克拉玛依市	87 816	1 084.86	8207	21 927.08	3 210.71
吐鲁番地区	105 416	81.33	6 924.24	40 184.37	4 981.2
哈密地区	187 472	503.58	6 388.67	49 469.61	6 026.38
昌吉州	396 956	927.33	17 939.06	134 316.7	15 059.14
博州	99 282	471.57	4 886.84	26 950.52	3 414.69
巴州	294 453	2 127.32	27 528.61	135 806.36	17 022.22
阿克苏地区	182 901	1 562.86	10 097.71	63 905.91	7 899.33
克州	51 845	420.44	4 448.58	20 170.39	2 547.46
喀什地区	326 925	992.3	20 118.39	108 854.52	13 498.32
和田地区	284 457	994.43	9 517.75	50 749.71	6 624.17
伊犁州	334 735	1 270.13	21 427.47	118 181.36	14 489.87
塔城地区	171 843	864.44	13 899.59	78 996.35	9 973.74
阿勒泰地区	96 422	1 106.34	5 874.64	18 179.94	2 852.71
石河子市	99 382	485.57	4 986.84	28 950.52	3 914.69

　　2010 年，新疆民用汽车保有量为 167.1 万辆，其中，载客汽车 107.6 万辆，载货汽车 46.8 万辆，其他汽车 12.6 万辆，与 2005 年相比，民用、载客、载货和其他汽车分别上升 180.2 个百分点、221.5 个百分点、129.0 个百分点和 121.7 个百分点。2006—2010 年，载客汽车中小型客车所占比例最大，载货汽车中轻型货车所占比例最大。2003—2010 年新疆民用车辆情况见表 3-2。

表3-2　2003—2010 年新疆民用车辆情况　　　　　　　　　　　单位：辆

年份	2003	2004	2005	2006	2007	2008	2009	2010
民用汽车数	467 649	500 739	596 299	717 370	817 722	933 974	110 653	1 671 078
载客汽车数	256 449	269 482	334 702	383 680	456 285	545 935	677 890	1 076 142
大　型	16 949	18 864	19 121	21 457	23 574	24 784	26 117	27 522
中　型	5 836	19 182	18 934	20 815	22 659	24 284	25 712	27 224
小　型	216 493	210 167	273 040	316 687	384 626	470 646	597 708	759 073
微　型	17 171	21 269	23 607	24 721	25 426	26 221	28 353	30 658
轿　车	153 375	187 238	207 653					
载货汽车数	189 921	201 470	204 578	214 450	231 743	253 490	313 788	468 523
重　型	60 174	55 486	56 142	56 178	59 439	64 903	96 742	144 200
中　型	39 815	41 361	41 906	42 754	43 473	44 661	47 798	51 155
轻　型	79 263	83 851	94 974	105 514	119 042	134 372	161 203	193 392
微　型	10 669	20 772	11 556	10 004	9 789	9 554	8 045	79 776
其他汽车	21 279	29 787	57 019	119 240	129 694	134 549	114 856	126 413

三、重点城市机动车污染防治工作

　　"十一五"期间，新疆结合自治区实际，以乌鲁木齐市机动车污染防治为重点，辐射带动全区机动车污染防治工作。

　　一是建立健全政策法规体系。乌鲁木齐市人民政府发布了《乌鲁木齐市机动车排气污染防治管理办法》、《关于实施国家第三阶段机动车排放标准的通告》、《乌鲁木齐市在用机动车排气污染检验与限期维护实施办法》、《关于加强外埠转入机动车辆排气污染物管理的通告》、《关于在用机动车环保检验合格标志核发管理工作的通告》和《关于实施国家第四阶段机动车污染物排放标准的通告》等，报请自治区相关部门批准出台了轻型汽车工况法检测限值和检测收费标准，为乌鲁木齐市全面开展机动车排气污染防治工作奠定了基础。《乌鲁木齐市机动车排气污染防治管理办法》于 2006 年 12 月 4 日市人民政府第 47 次常务会议通过，自 2007 年 3 月 1 日起施行。

二是加强长效监管体系建设。建成 32 条简易工况法检测线，并通过计量认证和委托资质评审，具备了实施检测的条件，可满足开展在用车环保定期检验工作的需要。建设完成了机动车排气污染监管信息平台和机动车环保标志核发信息管理系统，可利用信息技术对机动车环保检验机构实施有效监管。研究制定和组织实施乌鲁木齐市机动车尾气治理的相关政策措施，乌鲁木齐市环保局、乌鲁木齐市公安局、乌鲁木齐市城市交通局等 7 部门联合下发了《关于贯彻落实乌鲁木齐市在用机动车排气污染检验与限期维护实施办法的意见》，乌鲁木齐市环保局和乌鲁木齐市公安局共同编制了《乌鲁木齐市机动车环保检验合格标志核发管理工作方案》，初步建立了市政府领导，环保部门牵头，相关职能部门各司其职、协调配合的工作机制。

三是要求高排放车辆淘汰。2009 年 6 月至 2010 年 12 月底，乌鲁木齐市按照国家《汽车以旧换新实施办法》，设立联合服务窗口，开展机动车以旧换新工作。共对 537 辆高排放、高污染的黄标车和 26 辆老旧车，办理了以旧换新手续，全市共核发汽车以旧换新国家补贴资金 566 万元。

四是严格外埠车辆转入核查。认真执行《关于加强外埠转入机动车辆排气污染物管理的通告》规定，乌鲁木齐市环保局与乌鲁木齐市公安局联合设立机动车环保核查窗口。截止到 2010 年，共对 5 482 辆拟转入车辆进行了环保核查，其中：符合规定准予转入 4 641 辆，不符合规定退办 841 辆，对 2 463 辆排气污染检验超标车辆责令限期维护。与未实施"国Ⅲ"车型准入规定前相比，乌鲁木齐市日均减少转入老旧车辆约 60 辆，年均可减少机动车污染物排放 1.12 万吨。

五是实施限行管理加强限行管理细则研究，突出重点，以重污染柴油车和高排放汽油车为重点控制对象，以重污染路段为重点控制区域，以上下班高峰时段为重点控制时段，实施精细化的限行管理。

六是加大机动车污染防治宣传。通过广播、电视、网络等媒体形式，积极宣传机动车排气污染政策法规，设立乌鲁木齐机动车环保网，编印工作简报、车主环保手册等，采取多种宣传方式，向市民介绍乌鲁木齐市开展机动车污染防治的措施、要求及办事程序，努力营造全民支持、参与机动车污染防治工作的良好氛围。

第四章　固体废物污染防治

第一节　固体废物的监督与管理

一、固体废物监督与管理进程

新疆固体废物环境监管大致可划分为四个发展阶段：认识阶段、起步阶段、稳步推进阶段、快速发展阶段。

1. 认识阶段（1995 年以前）

1990 年 3 月 22 日，我国签署了《巴塞尔公约》。1991 年 9 月 4 日第七届全国人民代表大会常务委员会第 21 次会议批准我国加入《巴塞尔公约》。1994 年，在国家环保局的统一安排下开展第一次"固体废物申报登记"工作。《巴塞尔公约》的准备、协商、签署、批准过程，及"固体废物申报登记"工作的开展使全区认识和了解了固体废物、危险废物的现状，开始了环境管理。

2. 起步阶段（1996—2003 年）

1995 年 10 月 30 日，全国人民代表大会常务委员会审议通过，颁布《固体废物污染环境防治法》，于 1996 年 4 月 1 日施行。为配合《固体废物污染防治法》的实施，国家陆续出台了《危险废物鉴别标准》（GB 5085—1996）、《国家危险废物名录》、《危险废物转移联单管理办法》、《医疗废物管理条例》、《废物进口环境保护管理暂行规定》等一系列重要的法规、标准。这些法规、标准大大加快了固体废物环境管理的发展，使固废管理监管有法可依、有章可循。

3. 稳步推进阶段（2004—2007 年）

2004 年 9 月 20 日，新疆维吾尔自治区机构编制委员会批准成立新疆固体废物管理中心，新疆固体废物污染防治监管工作迈上了新台阶，极大地推动了固体废物、危险废物环境管理的稳步发展。

根据原国家环保总局和新疆环保局的统一安排和部署，陆续开展了多项工作，包括危险废物和医疗废物处置设施普查工作、废氯化汞产生单位专项检查工作、"规划"内项目建设进展情况专项检查工作、危险废物焚烧单位及设施专项检查工作、自治区工业危险废物申报登记工作、自治区废弃危险化学品专项调查工作等。

2004 年 12 月 29 日，第十届全国人大常委会第十三次会议重新修订通过《固体废物污染环境防治法》，并相继出台了《危险废物经营许可证管理办法》、《固体废物鉴别导则（试行）》、《大中城市固体废物污染环境防治信息发布导则》、《废弃危险化学品污染环境防治办法》、《危险废物焚烧污染控制标准》、《危险废物填埋污染控制标准》和《危险废物贮存污染控制标准》、《医疗废物焚烧炉技术要求（试行）》、《医疗废物集中处置技术规范（试行）》、《危险废物集中焚烧处置工程建设技术规范》等一系列法规、标准，使固体废物、危险废物管理和处置规范、标准更加完善。

4. 快速发展阶段（2008—2010 年）

2008 年以来，新疆固体废物监管工作经过多年的经验积累，进入了快速发展阶段，集中开展了新疆危险废物台账试点工作、二噁英类持久性有机污染物更新调查工作、抗生素药渣与氯化汞危险废物专项检查工作、医疗废物环境管理检查工作，危险废物经营单位专项检查工作等多项工作，并编制完成了《新疆维吾尔自治区危险废物污染防治"十二五"规划》、《新疆维吾尔自治区重点行业持久性有机污染物（POPs）"十二五"污染防治规划》。

2010 年，新疆阿克苏（南疆）危险废物管理中心和克州辐射环境监督与固体废物管理站相继成立，结束了新疆没有地市级固体废物监管机构的历史。2010 年 1 月 8 日，《新疆维吾尔自治区危险废物污染环境防治办法》（以下简称《办法》）经自治区人民政府审议通过，于 2010 年 5 月 1 日施行。《办法》的实施，对促进固体废物（危险废物）污染防治、保障人身和生态安全，促进全区经济社会可持续发展具有重要意义。

二、固体废物监管机构与体制

1. 自治区级固体废物监管机构

新疆的固体废物监管主要由新疆环保厅污染防治处和新疆固体废物管理中心具体负责实施。

（1）污染防治处

污染防治处是新疆环保厅内设机构，主要负责拟订和组织实施固体废物和化学品的污染防治规划、标准和规范，组织实施排污申报登记制度，组织实施城市环境综合整治定量考核工作，同时指导组织全区开展固体废物的污染防治、监督管理工作。

（2）固体废物管理中心

新疆固体废物管理中心是隶属于新疆环保厅的事业单位，2004 年经新疆维吾尔自治区机构编制委员会批准成立（新机编字[2004]82 号），为正处级事业单位，编制 16 名。新疆固体废物管理中心是具体从事固体废物管理工作的专职机构，目前下设申报科、监管科、技术科和办公室 4 个科室。

主要职责：建立固体废物管理档案；承担固体废物和危险废物转移的风险技术评估及危险废物经营活动的监督管理；协助处置突发性危险废物、危险化学品污染事故；提供专业技术人员培训、咨询等相关社会服务。受新疆环保厅委托，开展对全区固体废物环境执法工作；开展全区废旧家电、电子废物的回收处置活动的监督管理；开展全区废弃危险化学品及新化学物质的监督管理工作；负责全区持久性有机污染物（POPs）污染防治有关技术工作和全区固体废物污染防治相关国际条约履约活动。

2．其他固体废物监管机构

新疆只有阿克苏地区和克州成立了固体废物专职管理机构，其他地、州、市、县的固体废物的管理工作主要由各级环保局的监察或污控部门兼职负责。

（1）新疆阿克苏（南疆）危险废物管理中心

2010 年 4 月，新疆阿克苏（南疆）危险废物管理中心经阿克苏地区机构编制委员会批准成立，为隶属于阿克苏地区环保局管理的正县级事业单位，内设综合科、业务科 2 个科室，事业编制 8 名。

主要职责：宣传贯彻执行国家、自治区有关环境保护的法律、法规、方针政策，研究和制定南疆五地、州危险废物污染防治的管理办法、污染防治规划、技术规范等规定和方案，并组织实施。负责危险废物审核交换、转移申请批准、处置方案论证和日常管理。对新建、扩建、改建"三同时"建设项目审批中单项废物治理项目和大中型建设项目涉及废物治理提出建议，参与建设项目检查和验收。实施危险废物资源申报登记、防治设施现场检查和污染危害防治管理，参与危险废弃化学品处置监督管理和重大危险化学品污染事故应急处置。开展危险废物专项调查和检查，监督管理产生危险废物企业污染环境、危险废物治理和设施运转和固体废物收集、贮存、运输、利用、处置等活动。

（2）克州辐射环境监督与固体废物管理站

2010 年 11 月，克州辐射站与固体废物管理站经克州机构编制委员会批准成立，为隶属于克州环保局管理的正科级事业单位，核定事业编制 7 名。涉及固体废物管理的主要职责：负责固体废物的监督管理，贯彻执行有关有害固体废物污染防治法律、法规。

三、固体废物法制建设与行政管理

随着新疆优势资源转换战略的持续推进和新型工业化进程的快速发展，种类繁多、成分复杂的各种固体废物的产生量不断增加，而全区处置利用设施建设滞后，相当数量的工业固体废物，特别是危险废物不能得到有效处理，固体废物污染防治压力巨大，控制固体废物的污染已经成为新疆环境保护的重要任务。另外，对固体废物（危险废物）污染防治的宣传还不够，人民群众对其危害性还缺乏足够的认识。《固体废物污染环境防治法》于 2004 年 12 月 29 日通过重新修订。这一法律的制定，全面、系统地规定了防治固体废物（危险废物）污染环境的基本原则、监督管理制度和法律责任，将固体废物（危险废物）污染环境防治纳入了法制化管理轨道。

1. 固体废物管理的地方立法

（1）《新疆维吾尔自治区危险废物污染环境防治办法》

《新疆维吾尔自治区危险废物污染环境防治办法》于 2010 年 1 月 8 日自治区第十一届人民政府第 9 次常务会议讨论通过，2010 年 1 月 20 日经自治区人民政府令第 163 号公开发布，2010 年 5 月 1 日起施行。《新疆维吾尔自治区危险废物污染环境防治办法》是新疆第一部固体废物专项环境保护法规。

办法提出"预防为主、全程监督，污染者承担责任，减少产生量和危害性，合理利用、就近处置"的危险废物污染防治原则，其中的"合理利用、就近处置"充分考虑了新疆地域大的特征，把缩短危险废物的运输距离、降低危险废物转运过程中的污染风险作为防范首要和重要手段，并规定了固废环境管理制度。

①环境影响评价及"三同时"制度。对建设贮存、利用、处置危险废物的项目，必须依法进行环境影响评价，环境影响评价文件确定需要配套建设的危险废物污染环境防治设施，必须与主体工程同时设计、同时施工、同时投入使用。

②污染防治设施、场所停用审批制度。禁止擅自关闭、闲置、拆除危险废物污染环境防治设施、场所，确需关闭、闲置、拆除的，应当向原审批环保行政主管部门申报，环保行政主管部门应当在 30 日内予以批复。

③危险废物管理备案与申报登记制度。明确规定了危险废物产生单位的备案、申报责任，产生危险废物的单位，必须制定危险废物管理计划，报有管理权限的县（市）以上环境保护行政主管部门备案。危险废物管理计划的内容应当包括：减少危险废物产生量和危害性的措施以及危险废物的贮存、利用、处置措施。危险废物管理计划内容发生重大改变的，应当在发生改变之日起 10 日内重新备案。

产生危险废物的单位，应当按年度向有管理权限的县（市）以上环境保护行政主管部门报送危险废物的种类、产生量、流向、贮存、处置等有关资料；收到资料的环境保护行政主管部门应当进行登记。报送登记的事项发生重大改变的，应当在发生改变之日起 10 日内向原登记机关申报变更。

④行政代处置制度。对危险废物的处置单位和处置费用作出了明确规定，其主要内容：产生危险废物的单位，必须按照国家有关规定处置危险废物，不具备处置能力、条件的，应当选择具备危险废物处置资质

的单位处置，不处置或者处置不符合国家有关规定的，由县（市）以上环保行政主管部门指定具备危险废物处置资质的单位代为处置，处置费用由产生危险废物的单位承担；有关部门依法收缴或者接收公众上缴的危险废物，应当交由同级环保行政主管部门确认的具备危险废物处置资质的单位处置，处置费用由产生危险废物的单位承担，产生危险废物的单位已经注销或者无法确定的，处置费用由本级人民政府承担。

⑤转移联单制度。在新疆行政区域内转移危险废物的，应当向危险废物移出地的州、市（地）环保行政主管部门提出书面申请；移出地的环保行政主管部门应当自收到申请材料之日起 15 日内，对申请材料进行审查，并商接受地同级环保主管部门同意，方可批准转移该危险废物，经批准转移的，转移单位应当填写危险废物转移联单；向区外转移危险废物的，应当向自治区环保行政主管部门申请办理批准手续。同时规定：危险废物转移单位应当在实施转移 3 日前报告批准转移的环保行政主管部门，批准转移的环保行政主管部门应当在接到危险废物转移报告的当日，将转移情况通知接受地的同级环保行政主管部门以及沿途经过区域的环保行政主管部门。

⑥应急预案及污染事故报告制度。产生、收集、贮存、运输、利用、处置危险废物的单位，应当制定危险废物污染环境的防范措施和污染事故应急预案，并向所在地县（市）环保行政主管部门备案；发生危险废物污染事故或者其他突发性环境污染事件时，应当立即启动污染事故应急预案，消除或者减轻污染危害，及时通报可能受到危害的单位和居民，并报告所在地县（市）环保行政主管部门和其他有关部门。

（2）地市级固体废物法规

①原《乌鲁木齐市城市建筑垃圾管理办法》共分为二十六条，2002年 8 月 14 日乌鲁木齐市人民政府第 51 次常务会议通过，自 2002 年 12月 5 日起施行。随着城市建筑垃圾环境保护形势和工作内容的不断变化，2010 年乌鲁木齐市人民政府在 2004 年 11 月 22 日修正的基础上，

对《乌鲁木齐市城市建筑垃圾管理办法》再次进行了重新修订，修订后的《乌鲁木齐市城市建筑垃圾管理办法》共分为三十二条，并于 2010 年 10 月 15 日乌鲁木齐市人民政府第 28 次常务会议通过，自 2011 年 2 月 1 日起施行。

②原《乌鲁木齐市餐厨垃圾处理管理办法》共分为二十三条，2007 年 10 月 18 日乌鲁木齐市人民政府第 56 次常务会议审议通过，2007 年 10 月 25 日乌鲁木齐市人民政府令第 88 号公布，自 2007 年 12 月 1 日起施行。2010 年乌鲁木齐市人民政府对《乌鲁木齐市餐厨垃圾处理管理办法》进行了修订，修订后的《乌鲁木齐市城市建筑垃圾管理办法》共分为二十六条，并于 2010 年 1 月 21 日乌鲁木齐市人民政府第 22 次常务会议审议通过，2010 年 3 月 1 日乌鲁木齐市人民政府令第 100 号公布，于公布之日起施行。

2010 年的修订，在原管理办法的基础上增加了"本市鼓励单位和个人投资进行餐厨垃圾经营性运输和处置，具体办法由市市政市容行政主管部门报市人民政府批准后组织实施"的内容。

2. 固体废物行政管理

固体废物行政管理主要有工业固体废物申报登记制度、越境转移行政审批制度、进口可用作原料的固体废物审批制度、危险废物经营许可证制度。

（1）工业固体废物申报登记制度

工业固体废物申报登记制度，是固体废物环境管理工作中一项法定的环境管理制度。《固体废物污染环境防治法》第三十二条规定"国家实行工业固体废物申报登记制度。产生工业固体废物的单位必须按照国务院环境保护行政主管部门的规定，向所在地县级以上地方人民政府环境保护行政主管部门提供工业固体废物的种类、产生量、流向、贮存、处置等有关资料"，第五十三条规定"产生危险废物的单位，必须按照国家有关规定制定危险废物管理计划，并向所在地县级以上地方人民政府环境保护行政主管部门申报危险废物的种类、产生量、流向、贮存、处置等有关资料"，该制度为强化固体废物环境管理、加强科学决策提供强有力的保证。

按照原国家环保总局《关于开展全国工业危险废物申报登记试点工作及重点行业工业危险废物产生源专项调查的通知》（环办函[2006]105号）的统一要求，新疆维吾尔自治区于 2006 年 11 月—2007 年 5 月开展了全区工业危险废物申报登记工作。在 2008 年的全国污染源普查中，对全区的固体废物、危险废物情况进行了较为彻底的调查和统计。

通过申报登记和污染物普查，已初步掌握和摸清了全区固体废物、危险废物产生源及其产生、贮存、利用、处置、排放和转移现状，并筛选出了新疆工业危险废物重点产生源名单，建立了危险废物动态管理数据库和档案，为加强全区工业固体废物、危险废物产生源的监督管理奠定了基础。

（2）越境转移行政审批制度

越境转移行政审批制度是指需要运输转移固体废物、危险废物的单位或个人需事前向有审批权的环保主管部门提出申请，经批准后方能运输转移固体废物、危险废物的制度。

《固体废物污染环境防治法》对该制度做了明确的规定，第二十三条"转移固体废物出省、自治区、直辖市行政区域贮存、处置的，应当向固体废物移出地的省、自治区、直辖市人民政府环境保护行政主管部门提出申请。移出地的省、自治区、直辖市人民政府环境保护行政主管部门应当商经接受地的省、自治区、直辖市人民政府环境保护行政主管部门同意后，方可批准转移该固体废物出省、自治区、直辖市行政区域。未经批准的，不得转移"，第五十九条"转移危险废物的，必须按照国家有关规定填写危险废物转移联单，并向危险废物移出地设区的市级以上地方人民政府环境保护行政主管部门提出申请。移出地设区的市级以上地方人民政府环境保护行政主管部门应当商经接受地设区的市级以上地方人民政府环境保护行政主管部门同意后，方可批准转移该危险废物。未经批准的，不得转移"。

自《危险废物转移联单管理办法》1999 年 10 月 1 日施行以来，新疆根据相关规定和审批程序，逐步开展了固体废物、危险废物的转移审批工作，对全区固体废物全过程监管起到了积极的推动作用。

（3）进口可用作原料的固体废物审批制度

进口可用作原料的固体废物审批制度是指需要从境外进口可用作原料的固体废物的单位，需事前向有审批权的环保主管部门提出申请，经批准后方能进口所需固体废物的制度。法律依据来源于《固体废物污染环境防治法》第二十五条"禁止进口不能用作原料或者不能以无害化方式利用的固体废物；对可以用作原料的固体废物实行限制进口和自动许可进口分类管理"。

新疆作为西部边境省区，承担了一些限制类废物进口审批的审查工作，主要是为环保部废物进口登记管理中心进行初审把关，并负责对辖区内的废物加工利用企业进行现场监督检查。目前，新疆加工的进口废物种类主要有废纸、废塑料、废五金电机、废电线等。

（4）危险废物经营许可证制度

从事危险废物经营活动的单位，必须具备相应的专业技术条件，具有相应的管理和操作、经营能力，拥有相应的处置设备和设施，从事此类活动单位的工作人员也必须具备一定的专业技术知识和能力。《固体废物污染环境防治法》第五十七条明确规定"从事收集、贮存、处置危险废物经营活动的单位，必须向县级以上人民政府环境保护行政主管部门申请领取经营许可证；从事利用危险废物经营活动的单位，必须向国务院环境保护行政主管部门或者省、自治区、直辖市人民政府环境保护行政主管部门申请领取经营许可证。禁止无经营许可证或者不按照经营许可证规定从事危险废物收集、贮存、利用、处置的经营活动。禁止将危险废物提供或者委托给无经营许可证的单位从事收集、贮存、利用、处置的经营活动"。

自 2004 年 7 月 1 日国务院颁布实施《危险废物经营许可证管理办法》以来，新疆各级环保部门根据各自的审批权限，先后颁发危险废物经营许可证 30 多份，现在自治区已有持证的危险废物经营单位 27 家，对全区危险废物利用、处置市场起到了极大的促进和规范作用。

第二节　工业固体废物的污染防治

一、新疆主要的工业固体废物

工业固体废物通常是指工业生产过程中产生的各种废渣、粉尘及其他废物等固体废物。工业废物主要包括：高炉渣、钢渣、赤泥、有色金属渣、粉煤灰、煤渣、硫酸渣、废石膏、盐泥等。

1. 煤矸石

新疆煤炭资源丰富，在煤炭开采和洗选过程中产生的固体废弃物煤矸石现以每年约 8%的速度递增，成为全区排放量最大的工业固体废弃物之一。

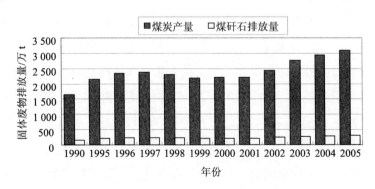

图 4-1　新疆煤炭加工行业固体废物排放量演变

据 2000—2005 年的数据统计,全区煤矸石排放量约为 310 万吨/年,用于煤矸石发电约 75.926 万吨/年,用于生产建筑材料及制品约 32.8 万吨/年,直接利用煤矸石铺路、回填复垦塌陷区域约 16.4 万吨/年,利用率约为 40%。

(1)新疆煤矸石的类型

新疆煤矸石按煤碳含量可分为以下四类。

①四类煤矸石(碳含量>20%,发热量 6.27～12.55 兆焦/千克),一般宜用作燃料。

②三类煤矸石(碳含量 6%～20%,发热量 2.09～6.27 兆焦/千克),可用作生产水泥、煤矸石砖等建筑材料。

③二类煤矸石(碳含量 4%～6%,发热量 2.09 兆焦/千克以下),用作燃料。

④一类煤矸石(碳含量<4%,发热量 2.09 兆焦/千克以下),一类和二类煤矸石可作为水泥的混合材料、混凝土骨料和其他建筑制品的原料,也可用于复垦采煤塌陷区和回填矿井采空区。

(2)新疆煤矸石的利用情况

由于资源性质的因素、资源条件的制约、技术设备的差距以及市场变化的影响,目前新疆煤矸石的利用率仅为 38%～40%。

煤矸石利用技术可划分为三个阶段:第一阶段(1970—1980 年),煤矸石主要用于道路修建、填方处理和建筑材料。第二阶段(1980—1990 年),一种是通过双级真空制砖技术,用一次空心砖工艺 100%利用煤矸石为原料生产出煤矸石空心砖等新型墙体材料,实现"制砖不用土,烧砖不用煤";另一种是用煤矸石综合利用发电。第三阶段(1990年以后),出现煤矸石中有效成分的再生利用。

新疆对煤矸石的综合利用尚处于第二阶段,煤矸石主要用于制砖、发电,每年用于发电的煤矸石约 76 万吨,占总煤矸石量的 24.5%。而用煤矸石做生产建筑材料才刚刚起步。

2. 钢铁废渣

新疆的钢铁废渣主要来自烧结、焦化、炼铁和轧钢等生产工序。另外，钢铁工业的一些辅助材料生产厂、自备电厂、工业锅炉房，以及部分公用设施也产生固体废物。

（1）新疆钢铁工业固体废物的分类

钢铁工业的固体废物主要分为危险废物、一般工业固体废物、其他废物等三类。危险废物包括焦油渣、酸焦油、废酸、废油、铬浸出渣、含铬污泥等。一般工业固体废物包括高炉渣、钢渣、铁合金渣（除铬浸出渣外）、粉煤灰和锅炉渣等。其他废物主要指氧化铁皮、含铁尘泥、工业粉尘、工业垃圾（主要为废耐火材料）、焦化水处理生化剩余污泥和部分废水处理污泥。

（2）新疆钢铁工业固体废物处置及其利用

钢铁工业是产生固体废物的大户之一，其特点为产生量与处理工作量大，可综合利用价值大，处置率约为 19.45%。

3. 冶金冶炼废渣

（1）新疆铝业工业固体废物情况

铝工业的固体废物主要是赤泥、残极及熔炼炉产生的浮渣等。其中，熔炼浮渣可以返回生产流程，不会对外部环境造成影响。赤泥和残极的堆存，对环境存在着危害，可能会造成空气、土壤和水质的污染，影响生态环境和周围地区农作物生长，影响附近居民的身体健康。

电解铝生产过程中产出的主要废渣是废炭块、被浸蚀的耐火砖和保温材料等，渣中含有氟化物和氰化物等有害物质。

氧化铝生产的工艺不同，所产生的赤泥性质差异很大。目前，烧结法产生赤泥的治理与利用主要途径有三种：制造水泥、制作保护渣、制造肥料与填充剂。

（2）新疆稀有金属冶炼固体废弃物的处理

稀有金属冶炼的原料包括：精矿、炉渣、浸出渣、烟尘、烟道灰和阳极泥等。在稀有金属冶炼过程中会产生多种固体废弃物。对于含稀有金属的原料，采用湿法冶炼时会产生酸浸渣、碱浸渣、中和渣、铜矾渣、硅渣、铝铁渣等；采用火法冶炼时则会产生还原渣、氧化熔炼渣、氯化挥发渣、浮渣、废熔盐及烟尘等。

稀有金属废渣的处置法包括：填埋法、深海抛弃法、化学法、固化法、焚烧法等。对于不能直接填埋而危害大的废物，要先进行化学处理或固化处理，常用的固化剂有水泥、玻璃、沥青、树脂等。

稀有金属的固体废物可以制成多种有用材料加以利用，如利用钾渣制造水泥，用含铍 0.02%以下的铍渣作脱氧剂。稀有金属废渣除了以上用途外，还可用作速凝剂、氯化剂、活性白土、造纸填料、白炭黑、玻璃填加料、阻燃剂、脱色剂等。

二、工业固体废物的分布

1．产生量的分布

"十一五"期间，新疆产生工业固体废物的企业有 9 209 家，年均产生量为 3 792.34 万吨，主要是尾矿、粉煤灰、冶炼废渣、煤矸石、炉渣以及污泥等。产生危险固体废物的企业 652 家，年均产生量为 123.91 万吨，主要是石棉废物、含铅废物、无机氰化物废物、废酸、废矿物油、废碱等。

产生工业固废最多的地区是哈密地区，年均产生量为 761.53 万吨，其次是阿勒泰地区、乌鲁木齐市、伊犁州和吐鲁番地区，以上五地州市产生的工业固废量占到总量的 69.33%。产生工业危废最多的地区是巴州，产生量为 61.58 万吨，其次为阿克苏地区、克州、阿勒泰地区以及喀什地区，以上五地州市产生的工业危废量占到总量的 84.19%。

工业固废产生量最大的行业是黑色金属矿采选业，年均产生量为1 367.18 万吨，其次为有色金属矿采选业、电力、热力的生产和供应业、黑色金属冶炼及压延加工业、煤炭开采和洗选业以及化学原料和化学制品制造业，以上六行业占产生总量的 83.62%。

2．排放量的分布

"十一五"期间，新疆排放固体废物的企业 2 731 家，年均排放量为193.55 万吨。年排放工业固废最多的地区是乌鲁木齐市，为 48.93 万吨，其次是克州、哈密地区、阿克苏地区和塔城地区，以上五地州市占固废排放总量的 81.40%。

工业固废主要排放行业是电力、热力的生产和供应业，年均排放量44.59 万吨，其次为黑色金属矿采选业、有色金属矿采选业、煤炭开采和洗选业、非金属矿采选业以及金属矿物制品业，以上六行业占排放总量的 94.93%。

炉渣和粉煤灰的排放量主要集中在电力、热力的生产和供应业，分别占全区炉渣和粉煤灰排放量的 93.75% 和 80.36%。煤矸石全部由煤炭开采和洗选业排放。尾矿的排放量集中在黑色金属矿采选业、非金属矿采选业和有色金属矿采选业，占排放总量的 99.61%。污泥排放量集中在造纸及纸制品业和皮革、毛皮、羽毛（绒）及其制品业，占排放总量的 94.05%。

三、工业固体废物的污染防治技术

1．工业固体废物的源头减量化

减量化是指通过实施适当的技术，减少固体废物的产生量和容量。通常为政策性减量化，是从产业政策角度，严格限制不符合产业政策等高排放项目的建设。技术性减量化，是依据《产业结构调整指导目录》、

《国家重点行业清洁生产技术导向目录》，从工艺技术等角度，提高原料利用率，研究新工艺、新技术替代危险原料，从而减少工业固废（尤其是危险废物）的产生量。

2. 工业固体废物的资源化回收利用

资源化是指采取各种管理和技术措施，从固体废物中回收具有使用价值的物质和能源，作为新的原料或者能源投入使用。常见的资源化包括废矿物油回收、废催化剂再生、活性炭再生、粉煤灰制水泥、炉渣制砖、污水处理厂污泥制有机肥等。

①废矿物油回收：废油再生一般有两种处理方法，一种是处理废油生成原料，其主要用作汽车燃料或用作其他用途（如吸附剂、脱模油、浮选油），该处理措施包括废油净化、热裂解和气化；另一种是将废油转化为另一种原料，可用作生产润滑油的基础油，即所谓的再精炼，废油精制常见工艺有加碱处理、黏土精制、加氢精制等。

②废催化剂再生：将含贵金属和稀有金属的废催化剂通过去除所含的积炭，实现再生，能够成功地恢复原始催化剂的活性、选择性和稳定性。积炭可以通过控制燃烧的方式去除。

③活性炭再生：将废活性炭经过烘干、热脱附及热处理等过程使再生活性炭的性能能够达到或基本接近原来的活性炭。

3. 工业固体废物的无害化处置

无害化是指通过适当的技术对废物进行处理（如热解、分离、焚烧、填埋等方法），使其不对环境产生污染，不对人体健康产生影响。

①高温热解：在缺氧或者无氧条件下，通过高温使有机物发生裂解，使之无害化。热解的氧化程度比较低，适用于禁止燃煤的场合。

②焚烧：在氧气充足的情况下，使有机物彻底氧化使之无害化，产生热量。焚烧是常见的危险废物无害化处置技术必须符合《危险废物焚

烧污染控制标准》（GB 18484）的要求。

③填埋：固体废物填埋场主要包括废物预处理设施、废物填埋设施和渗滤液收集处理设施。其中，危险废物的填埋必须符合《危险废物填埋污染控制标准》（GB 18598）的要求。

四、新疆固体废物治理情况

1. 综合利用

"十一五"期间，新疆固体废物年均综合利用量 1 197.23 万吨，年均综合利用率为 28.97%（图 4-2），综合利用的主要种类是粉煤灰和冶炼废渣，占综合利用量的 35.41%，一般固体废物的综合利用主要集中于工业源。

固废综合利用的主要区域为乌鲁木齐市，占全区一般固废综合利用量的 25.13%，全区城市一般固废综合年均利用量为 693.17 万吨，占全区固废综合利用量的 57.90%。县级市一般固废综合利用量最大的是石河子市（图 4-2），占县级市固废综合利用量的 35.64%。县城固废综合利用量占全区固废综合利用量的 43.39%。全区固废综合利用量城市高于县城 14.51 个百分点。

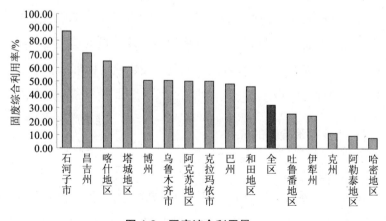

图 4-2　固废综合利用量

2. 处置情况

"十一五"期间,全区固体废物年均处置量为 479.45 万吨,处置率为 11.60%,处置的主要种类为尾矿,其占处置量的 58.35%。

全区固废处置的主要区域为阿勒泰地区、克州和巴州,以上三地州占全区固废处置量的 70.21%,全区城市一般固废年均处置量为 112.47 万吨,占全区固废处置量的 24.41%。县级市一般固废处置量最大的是阿克苏市,占县级市固废处置量的 33.96%。县城固废处置量占全区固废处置量的 75.59%。全区城市固废处置量低于县城 41.63 个百分点。

全区固废处置量最大的行业是黑色金属矿采选业,占固废处置量的 49.34%,其次是非金属矿采选业、有色金属矿采选业、电力、热力的生产和供应业、煤炭开采和洗选业及石油和天然气开采业,以上六行业占全区固废处置量的 95.95%,是处置固废的主要行业。全区尾矿处置量最大的行业是黑色金属矿采选业,占全区一般固废处置量的 40.40%,其次是非金属矿采选业,占全区一般固废处置量的 10.43%;污泥处置量占全区一般固废处置量的 3.91%。

五、危险废物污染防治

工业危险废物是指在工业生产过程中产生的具有腐蚀性、毒性、易燃性、反应性或者感染性等一种或者几种危险特性的危险废物,即被列入《国家危险废物名录》或者被国家危险废物鉴定标准和鉴定方法认定的具有危险性的废物。

1. 工业危险废物的分布

（1）行业分布

2010 年,全区 13 个地（州、市）共有 139 家危险废物产生单位,分布在 33 个行业里,占国民经济 98 个行业大类的 34.7%。2010 年,全区 33 个有工业危险废物产生的行业中,危险废物产生总量为 60.3 万吨。其中产生量排第一位的行业是原油加工及石油制品制造业,产生量 30.8 万吨,占全区危险废物产生总量的 51.2%。产生量排第二位的行业是常用有色金属压延加工,产生量 7.0 万吨,占全区危废产生总量的 11.6%。产生量排第三位的行业是天然原油和天然气开采,产生量 6.1 万吨,占全区危废产生总量的 10.1%。三个行业的危废产生量共计 44.0 万吨,占全区危险废物产生总量的 72.9%。危险废物产生量的行业分布情况见表 4-1。

表 4-1 危险废物产生量的行业分布情况

行业类别	危险废物产生单位		危险废物产生量	
	企业数/个	百分比/%	数量/t	百分比/%
原油加工及石油制品制造	10	7.2	308 772.9	51.2
常用有色金属压延加工	1	0.7	70 025.1	11.6
天然原油和天然气开采	26	18.7	60 834.9	10.1
黑色金属冶炼及压延加工业	6	4.3	42 446	7
纸浆制造	1	0.7	35 000	5.8
无机盐制造	3	2.2	30 500	5.1
基础化学原料制造	5	3.6	16 377.1	2.7
金矿采选	7	5	8 730.7	1.4
铜矿采选	3	2.2	5 960	1
铜冶炼	5	3.6	5 534.8	0.9
光学玻璃制造	1	0.7	4 633	0.8
有机化学原料制造	8	5.8	3 617.2	0.6
铅锌冶炼	1	0.7	3 600	0.6
皮革鞣制加工	5	3.6	1 544	0.3
油气开采有关的技术服务活动	2	1.4	1 394.9	0.2
炼钢	4	2.9	1 181	0.2
铝冶炼	2	1.4	631.8	0.1
化纤浆粕制造	2	1.4	528.8	0.1
炼焦	15	10.8	470.1	0.07

行业类别	危险废物产生单位		危险废物产生量	
	企业数/个	百分比/%	数量/t	百分比/%
氮肥制造	4	2.9	211.9	0.035
钢铁铸件制造	1	0.7	181.9	0.03
钢压延加工	4	2.9	164.5	0.027
炼铁	2	1.4	140	0.023
火力发电	11	7.9	134.3	0.022
金属表面处理及热加工	1	0.7	103	0.017
铁路设备维修	2	1.4	75	0.012
城市环境卫生管理	1	0.7	50	0.008
无机酸制造	1	0.7	50	0.008
建筑陶瓷制品制造	1	0.7	36	0.005
玻璃纤维及制品制造	1	0.7	30	0.004
水泥制造	1	0.7	5	0.000 8
石油钻采专用设备制造	1	0.7	4	0.000 6
汽车整车制造	1	0.7	3.5	0.000 5
合计	139	100	602 971.2	100

（2）区域分布

2010 年，新疆工业危险废物产生总量为 60.3 万吨。危险废物产生源分布在全区 13 个地（州、市），前四位分别是乌鲁木齐市、克拉玛依市、巴州、吐鲁番地区，合计占产生总量的 91.2%。各地区危险废物产生情况见表 4-2。

2. 经营危险废物的单位

截至 2010 年，新疆共有 13 家工业危险废物经营单位，处置物为 HW08 废矿物油及 HW46 含镍废物等。有 12 家经营单位从事废矿物油处置，1 家收集处置废催化剂。13 家经营单位均由新疆环保厅颁发危险废物经营许可证。危险废物经营单位统计见表 4-3。

表 4-2　各地区危险废物产生情况

序号	地区名称	企业数/个	产生量/t	百分比/%
1	乌鲁木齐市	28	230 323.3	38.2
2	克拉玛依市	16	211 939.6	35.1
3	巴州	9	72 703.8	12.1
4	吐鲁番地区	15	34 881.3	5.8
5	阿克苏地区	13	20 276.1	3.4
6	阿勒泰地区	8	15 020.3	2.5
7	喀什地区	6	5 746.6	1.0
8	塔城地区	8	3 529.0	0.6
9	哈密地区	8	2 055.8	0.3
10	伊犁州	9	1 835.0	0.3
11	昌吉州	16	1 656.4	0.3
12	博州	2	1 504.0	0.2
13	克州	1	1 500.0	0.2
	全区	139	602 971.2	100.0

表 4-3　危险废物经营单位统计

序号	分类	单位名称	经营类别	经营方式
1	废矿物油（12家）	新疆康佳投资集团有限责任公司	HW08	利用处置
2		新疆金塔投资集团有限公司	HW08	利用处置
3		克拉玛依博达生态环保科技有限公司	HW08	利用处置
4		米泉市东海天泰石油化工有限公司	HW08	利用处置
5		新疆准东石油技术股份有限公司	HW08	利用处置
6		奎屯尤利特种油品有限公司	HW08	利用处置
7		库车中能石化工贸有限公司	HW08	利用处置
8		福克油品有限公司	HW08	收集利用处置
9		塔里木石油勘探开发指挥部沙漠运输公司（轮南）	HW08	利用处置
10		塔里木石油勘探开发指挥部沙漠运输公司（库车）	HW08	利用处置
11		巴州轮台县三合源石油技术服务有限公司	HW08	利用处置
12		鄯善县久隆源技术开发服务有限公司	HW08	收集
13	废触媒	新疆金塔有色金属有限公司	HW46	收集利用处置

2010年，自治区环保部门对经营单位进行了专项检查，主要检查经营单位是否持有有效的危险废物经营许可证、危险废物识别标志设立的规范性、危险废物贮存场所和包装容器是否符合要求、配套的污染防治设施是否通过"三同时"验收、废弃包装物的管理是否规范合格、危险废物经营记录簿建立、执行情况、危险废物转移联单制度执行情况、应急预案编制及演练等。通过检查和技术评估，各危险废物经营资质单位，建立起了比较完整的管理制度，运营情况逐步趋于规范，促进了企业的规范化运行。

3. 工业危险废物处置

2010年，全区有危险废物产生的13个地（州、市）中，有11个地（州、市）的企业对其所产生的危险废物进行了处置。其中，处置量排第一位的是乌鲁木齐市，共处置危险废物10.2万吨，处置率为44.3%。排第二位的是克拉玛依市，处置量4.6万吨，处置率为21.8%。排第三位的是巴州，处置量3.5万吨，处置率为48.2%。以上三个州市危险废物处置量共计18.3万吨。各地区危险废物处置情况见表4-4。

表4-4 各地区危险废物处置情况统计

序号	地区名称	企业数/个	自行处置量/t	委托处置量/t	总处置量/t	处置率/%
1	乌鲁木齐市	28	85 417.2	16 550.5	101 967.8	44.3
2	克拉玛依市	16	8 085.5	38 065.1	46 150.6	21.8
3	巴州	9	35 000.0	30.0	35 030.0	48.2
4	阿克苏地区	13	3 830.3	14 107.4	17 937.7	88.5
5	吐鲁番地区	15	3 124.7	0.0	3 124.7	9.0
6	哈密地区	8	1 543.1	127.2	1 670.2	81.2
7	克州	1	1 500.0	0.0	1 500.0	100.0
8	博州	2	0.0	1 500.0	1 500.0	99.7
9	昌吉州	16	812.8	0.0	812.8	49.1
10	伊犁州	9	0.0	30.0	30.0	1.6
11	喀什地区	6	0.0	27.9	27.9	0.5
12	塔城地区	8	0.0	0.0	0.0	0.0
13	阿勒泰地区	8	0.0	0.0	0.0	0.0
	全区	139	139 313.6	70 438.2	209 751.8	34.8

4．危险废物集中处置设施建设情况

（1）工业危险废物集中处置设施建设的背景

新疆危险废物的处置和利用基本以企业自身的处置利用和经营性的单位处置利用为主。纳入《全国危险废物和医疗废物处置设施建设规划》的新疆危险废物处置中心已于 2008 年建成，但还未正式投入运营，另外，南疆危险废物处置中心正在建设中。全区从事经营性危险废物利用设施共 13 个，其中废矿物油回收设施 10 个，废酸利用设施 2 个，废催化剂回收设施 1 个。危险废物经营性利用量为 19 万吨/年，占废物产生量的 15%，占利用总量的 2/3，其他 1/3 为企业自身利用量。经营性单位回收设施的建立多以自发为主，没有规范的价格体系和管理体系，同时由于缺乏相关的技术标准，大部分设施存在二次污染的可能性。

（2）北疆危险废物集中处置设施建设项目概况

北疆危险废物集中处置设施建设项目即新疆维吾尔自治区危险废物处置项目。新疆危险废物处置项目由新疆危险废物处置中心负责建设，从 2003 年开始办理立项、可研等手续，项目经原国家环境保护总局环境规划院文件《新疆危险废物处置设施建设项目投资估算复核补充材料》（环规院[2005]36 号）核准，核准后设计规模为日处理 15 吨的焚烧系统和日处理 35 吨的破碎及固化/稳定化系统，以及年处理量 1 060 吨的废矿物油回收利用系统，能够处理除二噁英、多氯联苯以外的其他大多数危险废物。项目投资估算为 1.273 亿元，其中地方配套资金 3 000 万元，国债资金 9 709 万元。

截至目前，项目资金共到位 12 709 万元，完成投资 8 000 多万元，已经建设完成的项目，待竣工验收后即可投入运营。

（3）南疆危险废物集中处置设施建设项目概况

阿克苏地区危险废物及医疗废物集中处置项目由阿克苏盛威集团负责建设，该项目主要承担了南疆区域的危险废物处置和阿克苏地区医疗废物处置的任务。项目选址在阿克苏阿塔公路 9.5 公里处,项目可行性研究报告由清华同方环境有限责任公司编制。该项目经国家技术复核后,确认资金 9 012.34 万元。目前该项目正在建设之中。

5. 工业危险废物监督管理工作情况

（1）应急预案与管理计划的管理

2010 年,新疆的环保部门对危险废物产生单位的应急预案执行情况和危险废物管理计划执行情况进行了专项检查,产废单位按照企业内部实际情况制定意外事故应急预案的单位有 112 家,其中有 6 家的应急预案较规范。但没有一家企业按照《固体废物污染环境防治法》的要求制定并向环保部门报送《危险废物管理计划》,这也是造成全区危险废物底数不清的主要原因。

（2）转移与申报登记的管理

2010 年,在 145 家企业中,有 52 家企业申报有危险废物转移行为,其中仅有 11 家企业执行了危险废物转移联单制度,执行率为 7.59%,而且在程序、方法、管理方面都不规范。转移危险废物出省的 8 家企业中,有 5 家企业有不规范危险废物转移联单。有 108 家企业执行了排污申报登记制度,有 37 家企业未申报。新疆危险废物申报登记均为首次开展。

（3）危险废物转移的管理

2010 年,新疆 15 个地（州、市）中,有 10 个地（州、市）的 52 家企业共转移危险废物 11.3 万吨,占全区危险废物产生总量的 5.7%,其中有 4 个地（州、市）的 9 家企业危险废物转移出区。危险废物转移量最大的地区是克拉玛依市,占全区危险废物转移总量的 62%,其次是乌鲁木齐市,占全区转移总量的 21%,两个地区危险废物转移量合计占全区转移总量的 83%。危险废物转移量最大的危险废物类别是 HW08 废矿物油,占转移总量的 63%,其次是 HW35 废碱,占转移总量的 30%。

有 9 家企业转移出区处置危险废物约 353 吨，占危险废物转移处置总量的 0.3%。

第三节　医疗废物的污染防治

一、新疆医疗状况回顾

医疗废物是指医疗卫生机构在医疗、预防、保健以及其他相关活动中产生的具有直接或者间接感染性、毒性以及其他危害性的废物。医疗废物共分为五类，并列入《国家危险废物名录》。

自 2003 年《医疗废物管理条例》实施以来，在新疆维吾尔自治区各级医疗卫生及其管理机构和环保部门的共同努力下，县以上医院的医疗废物基本得到了规范化管理，但急需解决医疗废物收集、转运、贮存、处置过程中存在不规范操作现象，改变医疗废物非法买卖、无序流动的状况。

为进一步贯彻落实《固体废物污染环境防治法》、《医疗废物管理条例》等有关法律法规，加强对医疗废物产生源头的监督管理，按照环境保护部的统一安排部署，新疆组织开展了医疗卫生机构的医疗废物环境管理检查。

二、医疗废物的产生源

医疗机构是医疗废物的主要产生源，包括医院、社区卫生服务中心、专科医院和急救中心等。2007 年，新疆医疗机构基本情况见表 4-5。

2007 年，检查各级各类医疗机构包括医院、社区卫生服务中心（站）、卫生院、门诊部（诊所、医务室、村卫生室）、急救中心（站）、妇幼保健院（所、站）和专科疾病防治院（所、站）7 类医疗机构共 2 896 家，占当年医疗机构总数的 39%。数据汇总中有效单位数为 2 491 家。7 类医疗机构中，单位数量最多的是门诊，占单位总数的 56%。门诊量最多的医疗机构是医院，占总门诊量的 63%。医疗废物产生量最多的医疗机构是医院，占医疗废物产生总量的 58%；其次是门诊，占医疗废物产生总量的 23%。基本摸清了各级各类医疗卫生机构医疗废物产生和环境管理现状。

表 4-5   2007 年新疆医疗机构基本情况

单位类型	抽检量	占比例/%	病床数	病床使用率/%	门诊量/（万人/年）	占总量比例/%	医疗废物产生量/t	占废物总量比/%
医院	366	15	39 280	44	1 652	63	3 119	58
社区卫生服务中心	189	8	985	44	171	7	105	2
卫生院	404	16	7 387	49	299	11	545	10
门诊	1 390	56	554	—	235	9	459	9
妇幼保健机构	76	3	1 678	55	100	4	202	4
专科医院	63	3	1 699	58	146	6	146	3
急救中心	3	0		—	1.4	0	2	0
合 计	2 491		51 583	50	2 605		4 578	

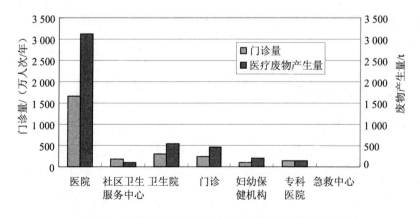

图 4-3   各类医疗机构门诊量与医疗废物产生量比较

三、医疗废物的产生与处置情况

据 2007 年污染源普查结果显示，全区规模以上医院医疗废物产生量 7 478.59 吨，其中无害化处置量 2 911.45 吨，无害化处置率 38.93%，医疗废物本单位焚烧量 1 577.48 吨，占规模以上医疗废物产生量的 21.09%；其他方式处置量 2 989.62 吨，占规模以上医疗废物产生量的 39.98%。

乌鲁木齐市医疗废物产生量最大，为 1 551.74 吨，其次为阿克苏地区、喀什地区、伊犁州、和田地区，以上五地（州、市）占全区规模以上医院医疗废物产生量的 69.70%。乌鲁木齐市医疗废物无害化处置量最大，为 1 334.51 吨，其次是喀什地区、巴州、昌吉州、克拉玛依市，以上五地（州、市）占全区规模以上医院医疗无害化处置量的 99.42%。

城市规模以上医院医疗废物产生量 4 333.42 万吨，占全区医疗废物产生量的 57.94%；医疗废物无害化处置量 2 369.42 万吨，占全区医疗废物无害化处置量的 68.98%。昌吉市、库尔勒市、奎屯市规模以上医院医疗废物无害化处置率达到 100%，喀什市、克拉玛依市、乌鲁木齐市、阜康市和阿图什市医疗废物无害化处置率分别为 98%、92%、86%、65.5%和 53.0%。

全区医疗废物处置后产生残渣 194.59 吨/年，其中飞灰产生量 19.95 吨；烟尘产生量 25.87 吨，排放量 0.57 吨；二氧化硫产生量 2.21 吨，排放量 1.85 吨；氮氧化物产生量和排放量均为 2.62 吨。产生的残渣全部按生活垃圾填埋处置。

四、医疗废物处置设施建设情况

1. 乌鲁木齐医疗废物收运系统工程项目

乌鲁木齐医疗废物收运系统工程项目由乌鲁木齐市医疗后勤服务

中心负责建设,该项目为乌鲁木齐市医疗废物集中处理项目配套项目,建设内容为建设医疗废物冷藏库及医疗废物收运车辆的购置。该项目经国家技术复核后,确认总投资351万元,其中国债资金263万元,乌鲁木齐市配套88万元,该项目初步设计由新疆国际工程咨询公司编制,项目正在建设中。

2. 昌吉州医疗废物集中处置项目

昌吉州医疗废物集中处置项目位于昌吉市榆树沟镇312国道53公里处,距市区19公里,由昌吉市环卫局负责建设。项目采用两套设备处理医疗废物:一是焚烧处理工艺处理,设计能力日处理为5吨;二是高温蒸煮处理工艺处理,设计能力日处理为3吨。焚烧处置工艺项目2004年建成;高温蒸煮处理项目2009年9月10日动工,2010年7月竣工,焚烧处置工艺项目总投资604万元;高温蒸煮处理项目总投资779.17万元,其中,申请国债资金558万元、自筹资金221.17万元,目前资金全部到位。焚烧处置工艺项目2005年7月18日试运行,2006年8月1日正式投入运行。焚烧处置工艺项目已完成竣工验收,高温蒸煮处理项目尚未开展环保竣工验收。项目已经完成建设任务,投入试用。

3. 哈密地区医疗废物集中处置项目

哈密地区医疗废物集中处置项目位于哈密市回城乡西戈壁,哈密地区传染病医院北侧,生活垃圾中转站南侧,由哈密市环卫局负责建设,项目采用高温蒸汽灭菌处理工艺,日处理规模为3吨。总投资780万元,其中:中央专项资金585万元,地方配套198万元。项目于2008年4月动工建设,2009年3月完成土建工程和设备安装。2010年4月1日,由哈密市发改委牵头,组织设计、施工、监理、质检、哈密地区发改委、代建单位、市审计局等单位对该项目进行初验,同年9月投入试运行。

4．吐鲁番地区医疗废物集中处置项目

吐鲁番地区医疗废物及危险废物处理工程项目位于吐鲁番市城郊东南侧，距城区约 9 公里的葡萄乡大桥村附近，工程占地面积 6 500 平方米。项目采用高温蒸汽灭菌处理工艺，日处理规模为 3 吨。项目总投资 936 万元，处理工艺为高温蒸汽处理，主要建设内容：新建医疗废物收运系统，配置医疗废物专用运输车 4 辆、传染性焚医疗废物专用运输车 1 辆，新建医疗废物处理设施及相关配套设施等。

该项目于 2004 年 12 月委托新疆环科院编制了《吐鲁番地区医疗废物及危险废物处理工程项目环境影响报告书》，2005 年 7 月新疆环境保护局以新控函[2005]350 号《关于吐鲁番地区医疗废物及危险废物处理工程项目环境影响报告书》给予了批复。2006 年 10 月委托新疆城乡规划设计研究院重新编制了《吐鲁番地区医疗废物废物处理工程可行性研究报告书》，2007 年 4 月新疆发展和改革委员会以新发改投资[2007]539 号《关于吐鲁番地区医疗废物废物处理工程可行性研究报告的批复》给予了批复。

5．塔城地区医疗废物集中处理项目

塔城地区医疗废物集中处理项目位于塔城市生活垃圾无害化处理场南侧（塔额公路 11 公里处，省道 221 线北侧），采用高温蒸汽灭菌处理，日处理规模为 3 吨。项目设计总投资 650 万元，其中，中央补助资金 483 万元，地方配套资金 167 万元。项目于 2008 年 12 月建成，2009 年 4 月 7 日投入试运行。2009 年 11 月该项目通过环保验收，2010 年 9 月 19 日通过整体竣工验收。2009 年 10 月经塔城市审计局审计，实际完成投资为 626.98 万元，其中，中央补助资金 483 万元，地方配套 143.98 万元。

6. 博州医疗废物集中处置项目

博州医疗废物集中处置项目位于博乐市城市生活垃圾综合处理厂预留空地,工艺为高温蒸汽灭菌处理,日处理规模为 3 吨,由博乐市环保局负责建设。项目计划投资总金额为 773.07 万元,其中:国债资金 588 万元,地方财政配套 185.07 万元。项目已于 2007 年完工,2007 年 12 月经博乐市审计局进行竣工决算审计。2009 年 10 月开始试运行。2007 年 12 月完成土建工程验收。

7. 阿勒泰市医疗废物集中处置项目

阿勒泰市医疗废物集中处理工程于 2004 年 11 月正式立项,建设地点为 216 国道阿勒泰市至北屯公路南侧,新建生活垃圾卫生填埋场北侧,距市区约 8 公里处,占地面积 4 750 平方米。

项目的工艺为高温蒸汽灭菌处理,日处理规模为 3 吨。该项目计划总投资为 710 万元,实际到位资金 533 万元。项目于 2007 年开工建设,于 2009 年 9 月 23 日开始试运行。

8. 巴州医疗废物集中处置项目

巴州医疗废物集中处置项目位于 314 国道南侧库尔勒市东山垃圾场内,工艺为高温蒸汽灭菌处理,日处理规模为 3 吨,由库尔勒天达环卫有限公司负责建设。工程总投资 709.6 万元,其中:中央预算内资金 591 万元,地方自筹资金 118.6 万元,资金全部到位。项目于 2010 年 7 月建成并投入试运行。

9. 喀什地区医疗废物集中处置项目

喀什地区医疗废物集中处置项目位于喀什市中心西北约 15 公里。在机场区乌尊萨衣戈壁滩为新垃圾场场址(喀什市保洁生活垃圾处理场）内，该地喀什市国土资源管理局以喀市国土字[2001]137号文件《关于喀什市环卫局建垃圾处理场及配套设施用地的批复》。建设面积68.1公顷。采用高温高压蒸汽灭菌处理工艺，日处理医疗垃圾3吨，由喀什市市容环境卫生管理局负责建设。项目主厂房、办公楼等主体工程及相关配套工程已完工，设备已安装完毕。工程总投资950.22万元，中央补助资金555万元，地方自筹资金395.22万元。

10. 伊宁市医疗废物集中处理项目

伊宁市医疗废物集中处理项目位于伊宁市英也尔乡城市生活垃圾综合处理厂内，距离市区20公里，占地7 020平方米，项目总设计处理规模为5吨/日（目前实际处理3.2吨/日），采用焚烧工艺。项目于2010年6月建成，该项目总投资1 100万元，60%为国债资金，40%为日贷。目前，该项目资金已全部到位。于2010年6月开始试运行。

11. 和田地区医疗废物集中处置项目

和田地区医疗废物集中处置项目在2008年前完成了所有前期工作，原选址在和田市垃圾填埋场内，后来因新建火车站，重新选址搬迁与和田市垃圾处理场二期工程同步建设。

五、医疗废物制度建设与环境监管情况

1. 管理制度建设

（1）交接制度建设

制定医疗废物在医疗机构内部运送及将医疗废物交由医疗废物处置单位的有关交接、登记的规定，平均执行率为55%，其中，医院和社区卫生服务中心2类医疗机构管理制度执行情况比较好，其他5类的执行率在60%。但医疗机构在关于收集整理建档的及时性，医疗废

物管理制度建立的重视程度，相关人员对岗位的管理制度了解等方面尚需加强。

（2）登记制度建设

医疗废物登记资料保存 3 年以上的平均执行率为 45%，加强环保和卫生部门的进一步沟通协作，强化医疗废物管理台账登记的要求和管理，仍然是重要的管理工作。

（3）人员培训制度建设

多数医疗机构不重视对医疗废物管理和处理人员的培训，相关工作人员和聘用的临时工作人员对有关制度、文件、操作程序、安全知识、紧急处理措施等未制订培训计划，未进行全体工作人员定期且全面系统的培训。

（4）应急预案制度建设

各级医疗机构和医疗废物处理机构都建立了应急预案，但应急方案内容简单、空洞，没有针对性，不具备操作性。应急设备配备不全、不到位。报环部门备案和演练等基本没有执行。

2. 医疗废物分类管理

各类医疗机构都十分注意分类收集，执行率都在 80%以上。医疗卫生机构内医疗废物产生地点设置有医疗废物收集方法的示意图或者文字说明。医疗废物中病原体的培养基、标本和菌种、毒种保存液等高危险废物，首先在产生地点进行压力蒸汽灭菌或者化学消毒处理，然后按感染性废物收集处理。传染病患者或者疑似传染病人的隔离病房内，设置医废收集容器，用于收集病人的生活垃圾等。但以上工作管理还不够完善。

3. 转移运送管理

新疆各地都完成了转移运送机构的建设，实现了医疗废物转移运送和集中处置，但各类医疗机构的执行情况有差别。在环境监管中存在环保部门监管不到位，部分医疗机构未使用包装箱，负责转运人员未按规定穿着防护服装，没有确定的运送时间，清洁消毒不及时，没有执行转移联单制度，医疗废物集中处置单位的集中收集运输车辆未使用包装箱，而是直接将袋装医疗废物投入车厢，包装箱和车辆没有及时消毒和清洁，为节省运输费用未定时收集等问题。

表 4-6 各地医疗废物实际分类情况与《医疗废物分类目录》比较

各地医疗废物实际分类情况		包装物	《医疗废物分类目录》	
损伤性废物	青霉素瓶	塑料桶、纸箱、纯净水瓶	损伤性废物	玻璃安瓿、玻璃试管、载玻片
	玻璃安瓿			针头、手术刀、医用针头、缝合针等
	针头、手术刀、医用针头、缝合针等			
感染性废物	一次性注射器	塑料桶、纸箱、塑料袋	感染性废物	1. 使用后的一次性使用医疗用品及一次性医疗器械
	输液管			2. 病原体的培养基、标本和菌种、毒种保存液
	输液袋（聚乙烯瓶或袋）	塑料袋		3. 各种废弃的医学标本
	输液瓶（玻璃瓶）	纸箱		4. 废弃的血液、血清
	妇产科、婴儿室产生的一切垃圾	塑料袋		5. 传染病病人产生的生活垃圾
				6. 被病人血液、体液、排泄物污染的物品
病理性废物	手术室产生的一切垃圾	塑料袋	病理性废物	1. 手术及其他诊疗过程中产生的废弃的人体组织、器官等
				2. 病理切片后废弃的人体组织、病理蜡块等

4. 处理处置管理

2007 年，对新疆现有的非经营性医疗废物焚烧单位及其设施的检查统计，全区有 22 家医院有简易焚烧炉，但是都不能做到及时焚烧。主要原因：一是卫生、环保两个部门配合不够，监管不力。二是集中处置设施少，运输距离过长。三是处置费用过低。四是存在医疗废物私下非法出售现象。

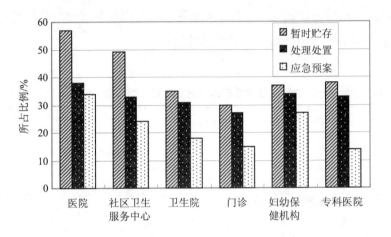

图 4-4　暂时贮存、处理处置、应急预案 3 类处置情况

第四节　生活垃圾的污染防治

一、生活垃圾的产生与处置情况

1. 生活垃圾的来源与分类

生活垃圾是指在日常生活中或者在为日常生活提供服务的活动中产生的固体废物，以及法律、行政法规规定视为生活垃圾的固体废物。生活垃圾一般可分为四大类：可回收垃圾、厨房垃圾、有害垃圾和其他垃圾。

2. 新疆生活垃圾的总体情况

2010 年，新疆生活垃圾处理厂涉及填埋容量为 12 165 万立方米，已填埋容量为 2 449 万立方米；无害化填埋设计容量为 3 518 万立方米，已填埋容量为 1 200 万立方米，占设计容量的 34.11%；简易垃圾处理厂设计容量 8 647 万立方米，已填埋容量为 1 249 万立方米，占设计容量的 14.44%。全区生活垃圾处理量为 506.42 万吨，其中无害化处理量为 183.21 万吨，无害化处理率为 36.18%，简易处理量 323.21 万吨，简易处理率为 63.82%。城市生活垃圾处理量为 279.74 万吨，其中无害化处理量为 183.21 万吨，无害化处理率为 65.49%，简易处理量 96.53 万吨，简易处理率为 34.51%。

3. "十一五"生活垃圾的处置趋势分析

与 2005 年相比，全区生活垃圾清运量增加 82 万吨，增长 19.33%；无害化生活垃圾处理厂由 2005 年的 6 座增加到 2010 年的 15 座，无害化处理能力由 3 580 吨/日增加到 5 431 吨/日，无害化垃圾处理量增加 99.84 万吨，增长 119.76%。与 2005 年相比，2010 年生活垃圾无害化处理率提高 16.52%。

二、新疆生活垃圾的管理体系

1. 主要方法

新疆常用的垃圾处理方法有综合利用法、填埋法（卫生填埋）、堆肥法、资源化无害化综合利用处理等。其中填埋法、堆肥法、焚烧法、资源化无害化综合利用处理是较为常见的处理方法。

2．管理体系

城市生活垃圾管理体系是政府部门统筹管理和监督，企业对城市生活垃圾进行清运、处置的市场运作的体系。可分为三个系统：管理系统、清运系统、处置系统。

3．管理部门

实施城市生活垃圾管理的部门大多是各级建设（环境卫生）主管部门，主要负责本行政区域内城市生活垃圾的监督管理工作，具体负责制定城市生活垃圾治理规划、统筹安排城市生活垃圾收集、处置设施的布局、用地和规模、核发城市生活垃圾经营性处置服务许可证、城市生活垃圾经营性清扫、收集、运输的行政许可等。

4．清运系统

实施城市生活垃圾清运的部门大多是从业公司，从事城市生活垃圾的清扫、收集、运输服务，其按照环境卫生作业标准和作业规范，在规定的时间内及时清扫、收运城市生活垃圾至城市生活垃圾转运站、处理厂（场）处置。清扫、收运城市生活垃圾后，对生活垃圾收集设施及时保洁、复位，清理作业场地，保持生活垃圾收集设施和周边环境的干净整洁。

5．处置系统

对城市生活垃圾实施处置的部门有事业单位，但大多数是处理厂及相关企业，其按照国家有关规定和技术标准，处置城市生活垃圾。

第五章 噪声污染防治

第一节 噪声污染状况

2010 年，新疆城市区域声环境质量处于良好水平，生活噪声和交通噪声是主要的区域环境噪声来源，其中生活噪声源范围广，交通噪声源强度大。城市道路交通噪声超标路段比例为 9.5%。全区城市各类功能区昼间达标率高于夜间。

一、城市区域声环境质量现状

2010 年，全区城市区域噪声声源构成中，生活噪声源占 57.6%，交通噪声源占 23.5%，工业噪声源占 6.3%，施工噪声源占 3%，其他噪声源占 9.6%。生活噪声和交通噪声是主要的区域环境噪声来源。

与 2009 年相比，生活噪声源所占比例增加 3.8%，交通、工业和其他噪声源分别下降 0.6%、0.2% 和 3%。

2010 年，对城市声环境影响强度最大的为交通噪声源，其次为工业噪声源、施工噪声源、其他噪声源和生活噪声源。全区城市昼间区域环境噪声平均等效声级范围为 49.1～55.4 分贝，15 个城市均达到标准，全区声环境质量好的城市占 12.5%，较好的城市占 81.2%，轻度污染的城市占 6.3%，无重度污染和重度污染的城市。

二、城市道路交通声环境现状

2010 年，全区 16 个城市中，交通声环境好的城市有 12 个，占 75%；较好的城市有 4 个，占 25%。全区监测交通干线总长度 1 072.76 千米，其中超标路段长度 102.34 千米,超标路段比例为 9.5%。与 2009 年相比，全区城市超标路段比例下降 11.1%。

三、城市功能区声环境现状

2010 年，全区城市功能区昼间达标率为 88.5%，夜间达标率为 65.5%。其中 0 类功能区昼间达标率为 58.3%，夜间达标率为 16.7%；1 类功能区昼间达标率为 82.7%，夜间达标率为 74.7%；2 类功能区昼间达标率为 78.6%，夜间达标率为 66.7%；3 类功能区昼间均达标，夜间达标率为 79.2%；4 类功能区昼间达标率为 97.5%，夜间达标率为 50%。

2010 年，全区城市功能区噪声等效声级变化规律基本相同，3:00—6:00 时间段噪声值基本保持最低，7:00—8:00 时间段缓慢上升。10:00 左右即达峰值，此峰值维持到 20:00 左右缓慢下降。3 类工业区和 2 类混合区噪声值较接近，均高于 1 类居住区，4 类交通干线两侧区域噪声值最高。

第二节 声环境质量变化趋势

"十一五"期间，新疆城市区域声环境质量基本稳定。城市道路交通声环境质量好和较好的城市比例呈上升趋势。城市功能区噪声昼、夜间达标率均呈逐年上升趋势。

一、城市区域声环境变化趋势

"十一五"期间，全区城市区域噪声声源构成中，生活噪声源比例始终居首位，其次为交通噪声源、工业噪声源、施工噪声源和其他噪声源，各类声源所占比例年度变化不大。与 2005 年相比，2010 年交通噪声源上升 2.7 个百分点，生活噪声源上升 0.6 个百分点，工业噪声源下降 0.6 个百分点，其他噪声源下降 2.7 个百分点，施工噪声源持平。

"十一五"期间，交通噪声源强度略有下降、施工噪声源强度浮动较大，其余各类噪声源强度年度变化不明显。与 2005 年相比，2010 年各类声源强度均有所下降，其中施工噪声源强度下降最明显。

"十一五"期间，全区城市区域声环境质量较好的城市比例呈上升趋势，质量好和中度污染的城市比例变化不大，轻度污染的城市比例呈下降趋势。与 2005 年相比，2010 年全区城市声环境质量好的城市比例上升 0.7%，较好的城市比例上升 28.3%，轻度污染的城市比例下降 29%。

二、城市道路交通声环境变化趋势

"十一五"期间，全区城市道路交通声环境质量好的城市比例上升 4.4%，较好的城市比例上升 19.1%，轻度污染的城市比例下降 23.5%。全区超标路段长度呈下降趋势，超标比例从 2006 年的 22.9% 下降到 2010 年的 9.5%。

与 2005 年相比，2010 年全区城市道路交通声环境质量好的城市比例增加 22.1%，较好的城市比例减少 16.2%，轻度污染的城市比例减少 5.9%。全区城市道路交通噪声平均等效声级下降 2 分贝，超标路段长度下降 48.6%，超标路段比例下降 13.6%。

三、城市区域声环境变化趋势

"十一五"期间，全区城市功能区昼、夜间达标率均呈逐年上升趋势。全区城市除 0 类功能区达标率偏低且呈下降趋势，其他各类功能区达标率呈升高趋势，功能区噪声昼间达标率高于夜间。与 2005 年相比，

2010年全区城市功能区昼、夜间超标率分别下降12.9个百分点和18.7个百分点。

第三节　噪声污染防治工作的开展

新疆各城市人民政府根据《中华人民共和国噪声污染防治法》和《城市区域环境噪声标准》，充分考虑区域开发、建设项目、城市改造时所产生的噪声对周围环境的影响，统筹规划，合理安排各功能区及城市建设布局，制定城市声环境功能区划，并根据城市建设总体规划的修编而随时进行调整，为噪声污染防治提供了技术支撑。

自治区各级环保部门，始终坚持以城市环境综合整治和创建环保模范城市为抓手，明确各级政府职责，将噪声污染防治作为一项重点考核指标，逐步加大城市区域声环境质量和道路交通声环境质量监测，同时结合环保专项行动和日常的监督管理，督促各城市声环境质量符合国家标准要求，使噪声污染防治工作稳步推进。

一、各项管理制度逐步完善

全区各城市逐步增强了规划评价，加强了噪声信访处置能力，畅通"12369"环保举报热线的噪声污染投诉渠道，建立了环保部门与相关部门的噪声污染投诉信息共享机制，及时受理和解决环境噪声投诉。部分城市将噪声排放超标并严重扰民噪声污染问题纳入挂牌督办项目，严格实施限期治理。建立噪声扰民应急机制，防止噪声污染引发群体事件。健全噪声行政管理和执法手段，充分运用调解手段解决噪声扰民纠纷和冲突。

二、加强各类噪声管理

1．强化交通噪声治理

对道路两侧敏感建筑物，根据实际采取安装隔声屏障或隔声窗等措施开展治理。加强在噪声敏感目标集中区域和敏感时段的交通禁鸣、路段限速等措施。

2．加强建筑工程施工噪声监管

各城市加强了建筑工程施工噪声的监督管理，依法限定建筑施工作业时间。实施严格的夜间施工审批制度，明确夜间施工管理措施，加大对违法夜间施工单位的处罚力度。推行建筑施工环保公示制度，促进建筑噪声的公众参与和监督管理。推动建立建筑声环境质量状况告知制度，交通干线两侧及噪声源周边新建住宅售前须告知该建筑所处区域声环境质量状况和室内声环境质量状况。

3．防治社会生活噪声

依法查处在噪声敏感区进行商业、文化经营活动造成超标噪声扰民行为。严格室内装修管理规定，明确限制作业时间，避免对周围居民造成污染。采取综合管理措施，防治街道、广场、公园等公共活动场所噪声和室内娱乐活动等邻里噪声。

4．严格工业企业厂界噪声

严格声环境准入。针对环境影响评价文件中的声环境影响评价章节，严格建设项目声环境影响评价，明确改善噪声污染防治的措施要求。加强项目环境保护竣工验收，未通过验收的噪声排放项目，一律不得投入运行。开展工业企业噪声达标排放监督检查，加大高噪声工艺、设备淘汰力度，确保工业企业厂界噪声达标。加强农村工业噪声污染防治，对新建毗邻乡村的工业园区严格执行相关标准，保持乡村地区良好的声环境。

三、重点时段噪声监管日益加强

每年中、高考期间，新疆环保厅都会下发文件，要求各城市环保局会同行政执法、公安等部门，增强部门分工联动协调。加强对噪声污染防治实施统一监督管理，实施了大规模"绿色护考"活动，为考生营造一个安静的考试和休息环境。

第六章　工业污染防治

第一节　工业废水污染防治

一、工业废水排放现状

2010 年,新疆工业用水总量 77.53 亿吨,其中新鲜水用量 6.62 亿吨,比上年增长 24.2%;重复用水率为 91.46%,与上年基本持平。

全区工业废水排放量 2.22 亿吨,比上年增长 4.72%,占废水排放总量的 27.58%。废水中排放的化学需氧量 14.74 万吨,比上年增长 8.46%;氨氮排放量 0.57 万吨,比上年增长 6.86%,分别占全区排放量的 52.53% 和 21.84%;石油类排放量 248.15 吨,比上年增长 13.18%;挥发酚排放量 16.13 吨,比上年增长 3.4%;氰化物排放量 6.50 吨,比上年增长 1.72%;五类重金属排放量 2.73 吨,比上年增长 2.63%。

废水万元工业产值排放量 10.55 吨,废水中化学需氧量和氨氮万元工业产值排放量分别为 7 千克和 0.26 千克。

城市工业废水排放量为 1.59 亿吨,占全区工业废水排放量的 71.62%。城市工业废水排放的化学需氧量 9.82 万吨,占全区工业化学需氧量排放量的 66.62%;排放氨氮 0.32 万吨,占全区工业氨氮排放量的 56.14%。

1. 区域分布

2010 年，新疆工业废水排放的主要区域是乌鲁木齐市、巴州、昌吉州、克拉玛依市和石河子市，以上五地、州、市占全区工业废水排放量的 71.17%。万元工业产值废水排放量较高的地区依次是喀什地区、博州、石河子市、哈密地区，分别为 46.55 吨、44.99 吨、35.98 吨、28.48 吨。

工业化学需氧量排放的主要区域是巴州、塔城地区、昌吉州、博州、伊犁州，以上五地、州、市占全区工业化学需氧量排放量的 84.53%。万元工业产值化学需氧量排放量较高的地区依次是博州、塔城、巴州、伊犁州，分别为 154.63 千克、31.31 千克、19.33 千克、14.08 千克。

工业氨氮排放的主要区域是巴州、乌鲁木齐市、昌吉州、喀什地区、阿克苏地区，以上五地、州、市占全区工业氨氮排放量的 86.57%。万元工业产值氨氮排放量较高的地区依次是喀什地区、博州，分别为 3.79 千克、0.89 千克。

石油类排放的主要区域是克拉玛依市、乌鲁木齐市、哈密地区、塔城地区、昌吉州，以上五地、州、市占全区石油类排放量的 76.56%；挥发酚排放的主要区域是乌鲁木齐市、巴州，以上州、市占全区挥发酚排放量的 95.1%；氰化物排放的主要区域是乌鲁木齐市，占全区氰化物排放量的 99.7%；重金属排放的主要区域是乌鲁木齐市、阿勒泰地区、哈密地区、喀什地区，以上四地、市占全区重金属排放量的 98.49%。与 2009 年相比，工业废水及主要污染物排放的区域没有明显变化。

2. 行业分布

2010 年，工业废水排放量最大的行业是化学纤维制造业，为 2 503 万吨，其次为化学原料及化学制品制造业、黑色金属冶炼及压延加工业、石油加工及炼焦业、造纸及纸制品业、煤炭开采和洗选业、电力、热力的生产和供应业、食品制造业，以上八个行业占全区工业废水排放量的78.35%。万元工业产值废水排放量最大的行业是造纸及纸制品业，为129.76吨，其次是化学纤维制造业、食品制造业、煤炭开采和洗选业、饮料制造业、化学原料及化学制品制造业，排放强度分别为59.23吨、17.27吨、11.98吨、10.47吨、10.05吨。与2009年相比，工业废水排放的主要行业分布没有明显变化，化学纤维制造业仍是工业废水排放量最大的行业，工业废水排放所占比重比2009年提高了3.54个百分点。

化学需氧量排放量最大的行业是化学纤维制造业，为5.88万吨，其次为农副食品加工业、饮料制造业、食品制造业、造纸及纸制品业，以上五个行业占全区化学需氧量排放量的85.17%。万元工业产值化学需氧量排放量最大的是化学纤维制造业，排放强度为123.61千克，其次是造纸及纸制品业、饮料制造业、食品制造业、农副食品加工业，排放强度分别为54.85千克、40.05千克、13.17千克和9.47千克。与2009年相比，工业废水中化学需氧量排放的行业分布没有明显变化，化学纤维制造业仍是化学需氧量排放量最大的行业，所占比重比2009年提高了10.35个百分点，造纸及纸制品业所占比重比2009年下降了15.03个百分点。

氨氮排放量最大的行业是化学原料及化学制品制造业，为1 969吨，其次为石油加工及炼焦业、化学纤维制造业、黑色金属冶炼及压延加工业、食品制造业，以上五个行业占全区氨氮排放量的82.45%。万元工业产值氨氮排放量最大的行业是化学原料及化学制品制造业，为2.29千克，其次是化学纤维制造业、石油加工及炼焦业，排放强度分别为1.36千克、0.15千克。与2009年相比，工业废水中氨氮排放的行业分布没有明显变化。

石油类排放量最大的行业是石油加工及炼焦业，其次是石油和天然气开采业、煤炭开采和洗选业，以上三个行业占全区石油类排放量的84.12%；挥发酚排放量最大的行业是黑色金属冶炼及压延加工业、石油和天然气开采业，以上行业占全区挥发酚排放量的 95.49%。

五类重金属排放量最大的行业是黑色金属冶炼及压延加工业，其次是石油加工及炼焦业、有色金属矿采选业、有色金属冶炼及压延加工业、金属制品业，以上五个行业占全区重金属排放量的 99.60%。与 2009 年相比，工业废水中石油类、挥发酚及五类重金属排放的行业分布没有明显变化。

二、工业废水达标情况

废水排放口监测达标率为 56%，主要超标因子为化学需氧量、氨氮、生化需氧量、悬浮物。以废水处理方式统计，建有二级污水治理设施的企业废水排放达标率为 66%，一级污水治理设施的企业废水排放达标率为 53%。达标率最高的地区为克拉玛依市，达标率最低的地区为克州。主要的超标行业为皮革、毛皮、羽毛（绒）及其制品业，化学纤维制造业，化学原料及化学制品制造业，饮料制造业，造纸及纸制品业，农副食品加工业和食品制造业。

全区化学需氧量监测达标率为 81%，达标率最高的地区为乌鲁木齐市，达标率最低的地区为和田地区。主要超标的行业为化学纤维制造业、饮料制造业、农副食品加工业和食品制造业。氨氮超标的主要行业为化学原料及化学制品制造业和皮革、毛皮、羽毛（绒）及其制品业。

三、趋势分析

"十一五"期间，全区工业用水量、废水排放量、氨氮排放量平稳增长，2005—2007 年化学需氧量排放量逐年增长，2008—2010 年逐年下降，石油类、重金属排放量变化不显著。

与 2005 年相比，2010 年工业用水总量增长 113.56%，新鲜用水量增长 27.91%，重复用水率提高 7.49%。工业废水排放量增长 17.90%，化学需氧量排放量增长 6.02%，氨氮排放量增长 48.62%，石油类排放量下降 22.19%，重金属排放量下降 12.50%。

根据排放强度显示，"十一五"期间，废水、化学需氧量万元工业产值排放量逐年下降，工业氨氮万元产值排放量无显著变化。与 2005 年相比，废水和化学需氧量万元产值排放量分别下降 9.05 千克和 7.49 千克。

1. 区域排放情况

"十一五"期间，工业新鲜用水量占全区工业新鲜用水量比重上升较快的区域是乌鲁木齐市、巴州、阿克苏地区，分别由 2005 年的 15.90%、5.57%、1.10%上升到 34.28%、22.29%、4.15%。工业废水排放量占全区工业废水排放量的比重上升较快的区域是巴州、阿克苏地区、伊犁州，分别由 2005 年的 14.82%、2.51%、3.49%上升到 21.57%、4.82%、5.09%；石河子市工业废水排放量占全区的比重下降较快，由 2005 年的 15.22%下降到 7.17%，下降 8.05 个百分点。

化学需氧量所占比重上升较快的区域是塔城地区、巴州、伊犁州、乌鲁木齐市，分别由 2005 年的 3.59%、31.51%、6.18%、2.74%上升到 15.20%、37.81%、8.44%、4.75%。化学需氧量比重下降较快的区域是石河子市，由 2005 年的 30.18%下降到 1.47%，下降 28.71%。

氨氮所占比重上升较快的区域是喀什地区、巴州、阿克苏地区，分别由 2005 年的 1.84%、8.98%、3.33%上升到 37.05%、29.39%、6.33%，其他区域排放的工业废水及主要污染物五年间变化不显著。

"十一五"期间，全区城市工业废水排放量逐年平稳上升，工业废水中化学需氧量排放量五年间保持稳定，氨氮排放量五年间持续增长。与 2005 年相比，2010 年城市工业废水排放量占全区的比率上升 2.3 个百分点，化学需氧量排放量占全区的比率下降 0.9 个百分点，氨氮排放量占全区的比率保持稳定。

2. 行业排放情况

化学纤维制造业废水排放量和化学需氧量排放量增长迅速，占全区工业废水排放量和化学需氧量排放量的比重分别由 2005 年的 10.24%和 13.95%上升到 14.03%和 49.40%；造纸及纸制品业废水和化学需氧量排放量比重有所下降，分别由 2005 年的 17.90%和 55.97%下降到 8.52%和 6.07%；化学需氧量排放的行业中，化学纤维制造业比重上升明显，占全区工业化学需氧量排放量的比重由 2005 年的 13.95%上升到 49.40%，上升了 35.45 个百分点，造纸及纸制品业比重有所下降，由 2005 年的 55.97%下降到 6.07%，下降了 49.90 个百分点。全区氨氮排放的行业结构没有明显变化。

第二节　工业大气污染防治

一、新疆工业废气排放现状

2010 年，全区工业废气排放量 8 382 亿立方米，二氧化硫排放量 49.93 万吨，占全区排放量的 87.71%；氮氧化物排放量 37.13 万吨，占全区排放量的 62.23%；烟尘排放量 23.62 万吨，占全区排放量的 71.19%；工业粉尘排放量 17.69 万吨，以上排放量分别比 2009 年增长 13.99%、1.22%、11.9%、12.05%和 0.68%。

全区万元工业产值工业废气排放量为 4.99 万立方米，二氧化硫万元工业产值排放量为 23.72 千克，氮氧化物万元工业产值排放量为 17.64 千克，烟尘万元工业产值排放量为 11.22 千克，粉尘万元工业产值排放量为 8.4 千克。与 2009 年相比，工业废气中污染物万元产值排放量均有所降低。

城市工业废气排放量 6 051 亿立方米，二氧化硫排放量 31.38 万吨，氮氧化物排放量 26.23 万吨，烟尘排放量 11.37 万吨，工业粉尘排放量 11.09 万吨，分别占全区排放量的 72.19%、62.84%、70.65%、48.14% 和 62.71%。

1. 区域工业废气排放情况

2010 年，全区工业废气排放的主要区域是乌鲁木齐市、昌吉州、克拉玛依市、石河子市以及巴州，以上五地、州、市占全区工业废气排放量的 68.59%，万元产值废气排放量最大的地区为石河子市，其次为喀什地区、和田地区、博州以及克州，分别为 19.40 千克、18.63 千克、15.78 千克、15.25 千克、11.69 千克。

工业二氧化硫排放的主要区域为乌鲁木齐市、昌吉州、石河子市、哈密地区以及阿勒泰地区，以上五地、州、市二氧化硫排放量占全区二氧化硫排放总量的 64.84%。万元产值二氧化硫排放量最大的地区为阿勒泰地区，其次为哈密地区、石河子市、喀什地区以及昌吉州，分别为 169.15 千克、140.74 千克、116.61 千克、88.24 千克、77.61 千克。

工业氮氧化物排放的主要区域为乌鲁木齐市、昌吉州、石河子市、克拉玛依市和克州，以上五地、州、市占全区工业氮氧化物排放总量的 76.33%。万元产值氮氧化物排放最大的地区为石河子市，其次为克州、昌吉州、喀什地区以及和田地区，分别为 113.98 千克、75.30 千克、57.45 千克、46.70 千克、43.48 千克。

工业烟尘排放的主要区域为昌吉州、乌鲁木齐市、哈密地区、巴州和塔城地区，以上五地、州、市烟尘排放量占全区烟尘排放总量的 65.88%。万元产值排放量最大的地区为和田地区，其次为克州、哈密地区、喀什地区以及昌吉州，分别为 97.84 千克、70.55 千克、70.13 千克、39.93 千克、38 千克。

工业粉尘排放的主要区域为哈密地区、昌吉州、巴州、喀什地区、阿勒泰地区，以上五地、州、市工业粉尘排放量占全区工业粉尘排放总量的 60.11%。万元产值粉尘排放量最大的地区为和田地区，其次为克州、哈密地区、喀什地区以及昌吉州，分别为 181.08 千克、87.48 千克、62.86 千克、49.11 千克、20.98 千克。与 2009 年相比，工业废气及主要污染物排放的区域没有明显变化。

2. 行业工业废气排放情况

2010 年，全区工业废气排放集中在电力、热力的生产和供应业，石油加工及炼焦业，非金属矿物制品业，以及黑色金属冶炼及压延加工业，以上 4 行业排放量占全区工业废气排放量的 77.43%；万元产值废气排放量最大的行业为非金属矿物制品业，万元产值废气排放量为 11.41 万立方米，其次为电力、热力的生产和供应业，万元产值废气排放量为 7.82 万立方米。

二氧化硫排放的主要行业为电力、热力的生产和供应业，石油加工及炼焦业，有色金属采选、冶炼及压延加工业，以上 3 行业二氧化硫排放量占全区工业二氧化硫排放总量的 76.70%；全区万元工业产值二氧化硫排放量最大的行业是电力、热力的生产和供应业，万元产值排放量为 65.41 千克，其次为有色金属采选、冶炼及压延加工业，万元产值排放量为 58.16 千克。

氮氧化物排放的主要行业为电力、热力的生产和供应业，石油加工及炼焦业以及非金属矿物制品业，以上 3 行业占全区工业氮氧化物排放量的 85.38%；全区万元工业产值氮氧化物排放量最大的行业是电力、热力的生产和供应业，万元产值排放量为 51.04 千克，其次为非金属矿物制品业，万元产值排放量为 24.27 千克。

烟尘排放的主要行业为电力、热力的生产和供应业，石油加工及炼焦业，化学原料及化学制品制造业，以及非金属矿物制品业，以上 4 行业占全区工业烟尘排放量的 85.20%；万元工业产值烟尘排放量最大的行业为非金属矿物制品业，万元产值排放量为 41.80 千克，其次为电力、热力的生产和供应业，万元产值排放量为 25.30 千克。

工业粉尘排放的主要行业为非金属矿物制品业、煤炭开采及洗选业以及石油加工及炼焦业，以上 3 行业占全区工业粉尘排放量的 76.27%。万元工业产值粉尘排放量最大的行业是非金属矿物制品业，万元产值排放量为 17.51 千克。与 2009 年相比，全区废气及污染物排放的主要行业分布没有明显变化。

二、新疆工业废气达标情况

全区废气排放口颗粒物（烟尘）监测达标率为 68%，以除尘方式统计，采用静电除尘法达标率为 74%，采用多管旋风除尘法达标率为 69%，采用湿法除尘法达标率为 66%，采用过滤式除尘法达标率为 59%。二氧化硫监测达标率为 91%，氮氧化物监测达标率为 92%。

颗粒物（烟尘）达标率最高的是克拉玛依市，达标率最低的是塔城地区。二氧化硫达标率最高的是塔城地区，达标率最低的是阿勒泰地区。氮氧化物达标率最高的是伊犁州，达标率最低的是喀什地区。

颗粒物（烟尘）主要超标行业为造纸及纸制品业，食品制造业，非金属矿物制品业，有色金属冶炼及压延加工业和电力、热力的生产和供应业。二氧化硫主要超标行业为有色金属矿采选业、黑色金属矿采选业和有色金属冶炼及压延加工业。氮氧化物主要超标行业为化学原料及化学制品制造业，非金属矿物制品业，电力、热力的生产和供应业，石油加工及炼焦业。

三、新疆工业废气排放趋势

"十一五"期间，新疆工业废气排放量、二氧化硫排放量、烟尘排放量、氮氧化物排放量、工业粉尘排放量均逐年增长，年均增长率分别为 15.65%、8.52%、10.28%、14.82% 和 1.83%。工业二氧化硫排放量 2006 年和 2007 年连续两年增长率超过 10%，随着火力发电行业脱硫设施逐步入投入运行,2008 年以后二氧化硫排放总量增长速度显著放缓。

与 2005 年相比,全区工业废气排放量增长 106.94%,二氧化硫排放量增长 50.55%,烟尘排放量增长 63.08%,工业粉尘排放量增长 9.54%,氮氧化物排放量与 2006 年相比,增长 73.78%。

"十一五"期间,全区城市工业二氧化硫排放量 2006—2008 年逐年递增,2009 年和 2010 年排放量有所下降;废气和氮氧化物排放量逐年增长;烟尘排放量 2006 年和 2007 年平稳增长,2008—2010 年保持稳定,无明显变化;工业粉尘排放量五年间平稳缓慢增长。

2010 年与 2005 年相比,工业二氧化硫排放量增长 45.45%,烟尘排放量增长 26.54%,工业粉尘排放量减少 10.66%。城市工业二氧化硫和烟尘占全区排放量比重有所下降,工业粉尘占全区排放量比重保持稳定,与 2006 年相比,城市氮氧化物占全区排放量比重加大。

1. 工业废气区域排放情况

"十一五"期间,全区工业废气及主要污染物排放的主要区域依然为乌鲁木齐市、昌吉州、石河子市、阿勒泰地区、巴州以及克拉玛依市。其中,昌吉州和巴州废气排放量所占比重比 2005 年分别上升 1.73%和 1.01%,哈密地区和吐鲁番地区所占比重下降 2.98%和 2.92%。

石河子市、克拉玛依市和昌吉州二氧化硫排放量所占比重分别上升 4.25%、1.57%和 1.38%,乌鲁木齐市所占比重下降 7.58%。

昌吉州、石河子市、乌鲁木齐市氮氧化物排放量所占比重分别比 2006 年上升 5.58%、4.40%、3.56%,阿克苏地区和喀什地区所占比重下降 5.16%和 4.88%。昌吉州烟尘排放量所占比重比 2005 年上升 3.56%,乌鲁木齐市所占比重下降 7.09%。

2. 工业废气行业排放情况

"十一五"期间,全区工业废气及污染物排放的主要行业没有明显变化，其中电力、热力的生产和供应业工业废气、二氧化硫、氮氧化物、烟尘所占比重分别由 36.54%、49.47%、49.22%和 49.47%上升到 38.68%、55.28%、65.03%和 51.66%，有色金属矿采选和冶炼业二氧化硫排放量比重由 4.74%上升到 10.82%。

第三节　工业污染防治主要工作

一、全面完成第一次污染源普查工作

根据《国务院关于开展第一次全国污染源普查的通知》（国发[2006]36 号）、《全国污染源普查条例》和国务院办公厅国办发[2007]37 号文件精神，新疆维吾尔自治区人民政府办公厅下发了[2007]14 号文，于 2007 年 10 月在自治区全面开展了全国第一次污染源普查工作。普查工作于 2009 年 10 月完成，并通过国家验收，历时近三年。该项工作共组建普查机构 687 个，筹备普查工作经费 5 000 多万元，调用普查督导员、指导员、普查员等 1.5 万余人，发动企业、街道办、社区等数万社会人员配合，按照工业源、农业源、生活源和集中式污染治理设施进行分类普查，全区现场普查污染源 16.21 万家，调查机动车 206.37 万辆，调查城镇居民 807.67 万人。首次全面掌握了全区污染源和污染物排放情况，总结了全区污染源及污染物排放特征，完成了数据库建设及报告编写。新疆污染源普查领导小组办公室获得国务院普查领导小组办公室授予的"全国污染源普查先进集体奖"，新疆污染预案技术报告被国家评为"第一次全国污染源普查优秀技术报告一等奖"。

二、完成"十一五"总量控制目标任务

"十一五"期间，新疆紧紧围绕总量减排工作，以工程减排、结构减排和管理减排为抓手，通过环保资金补助、加大监督检查频次、约谈

企业主要负责人、下达督办通知等多种方式鼓励和督促各限期治理企业、污染减排企业和挂牌督办企业加快施工进度，按期完成污染减排任务。2007 年新疆维吾尔自治区人民政府下发了《关于自治区重点排污企业限期治理的通知》（新政办发[2010]135 号），对新疆二氧化硫超标排放或超总量排放的 16 家自治区重点排污企业的 21 个治理项目进行限期治理，各项治理都在限定的期限内完成了治理任务。认真组织落实环保部和监察部挂牌督办案件的督办工作任务，使新疆 14 家挂牌督办企业顺利摘牌。积极开展自治区环境保护专项清理整顿。新疆维吾尔自治区人民政府先后下发了《自治区整治违法排污企业保障群众健康环保专项行动实施方案》、《关于开展尾矿库专项整治行动工作方案》等一系列规范性文件，依法取缔和关闭不符合国家产业政策、工艺技术落后的企业1 577 家，有效遏制了环境违法行为。

"十一五"期间，共完成减排项目 291 个，燃煤电厂脱硫机组装机容量由零提高到 680 万千瓦，累计关停小火电 37.2 万千瓦，化学需氧量和二氧化硫排放总量分别控制在 28.07 万吨和 56.94 万吨，完成了"十一五"总量控制目标。

三、强化建设项目环境监管

"十一五"期间，新疆加强了审批、施工、竣工验收全过程管理，完成了对 6 069 个建设项目的环境影响评价审批，通过"三同时"验收项目 1 828 个，同时积极推行区域环境影响评价，自治区人民政府办公厅下发了《关于印发自治区规划环境影响评价试点方案的通知》（新政办发[2006]174 号），启动了新疆规划环境影响评价工作，从源头上控制污染物的排放，促进了新疆经济发展中的环境保护工作。

四、稳步推进清洁生产

制定并颁布了《新疆维吾尔自治区清洁生产审核暂行办法》（新发

改地区[2005]800 号)、《新疆维吾尔自治区清洁生产审核验收暂行办法》（新发改地区[2007]261 号)、《新疆维吾尔自治区节能减排专项资金管理暂行办法》（新财建[2007]259 号)、《新疆维吾尔自治区清洁生产和循环经济专项资金管理暂行办法》（新财建[2010]100 号)。

　　"十一五"期间，共举办 27 期清洁生产审核师（内审核员）培训。召开清洁生产报告会、讲座等 23 场次，组织汇编了《企业清洁生产审核培训教程》、《产业结构调整与重点行业准入条件文件汇编》、《新疆危险废物环境管理》、《工业园区清洁生产与循环经济（标准指标体系）》、《上市公司环境保护管理法规文件汇编》、《国家清洁生产标准汇编（2003—2009 年)》、《国家清洁生产评价指标体系汇编（2005—2009年)》。2006 年，参加国家环境保护总局与美国陶氏化学清洁生产示范合作项目，并选择新疆天业节水灌溉股份有限公司、新疆新化化肥有限责任公司、新疆博湖苇业股份有限公司作为中美合作项目的示范单位。新疆环保局荣获 2006 年度国家环保总局与陶氏化学清洁生产示范合作项目优秀组织奖，新疆新化化肥有限责任公司被评为优秀试点企业。"十一五"期间，全区公布重点清洁生产审核企业共计 159 家，开展清洁生产审核的企业共计 149 家，其中自愿企业 101 家，重点企业 48 家。

五、不断完善工业污染防治设施建设

1. 全区废水工业污染防治设施建设情况

　　2010 年，全区工业企业有 1 268 家建有 1 539 套废水治理设施，设计处理能力为 243.06 万吨/日，废水实际处理量为 4.94 亿吨，废水处理率为 86.31%。处理方法以物理法为主，物理法处理废水 3.14 亿吨，占废水实际处理量的 63.43%。生物法、物理化学法、化学法和组合工艺处理的废水量分别占废水实际处理量的 11.10%、9.92%、3.81%和11.74%。与 2007 年相比，一级物理处理废水的比重略有下降，二级生化处理废水的比重略有上升。

全区工业废水中化学需氧量去除量 24.27 万吨，其中生物化学处理法对废水中化学需氧量去除量最多，为 8.89 万吨，占化学需氧量去除量的 36.63%，其次为生物处理法、物理化学处理法、化学处理法和物理处理法，化学需氧量去除量分别为 6.42 万吨、4.78 万吨、2.88 万吨和 1.31 万吨。

"十一五"期间，全区工业企业新建废水治理设施 367 套，其中对造纸及纸制品业、农副食品加工业等行业实施化学需氧量工程减排项目 81 个，废水治理设施处理能力增加 106.84 万吨/日，新增化学需氧量实际削减能力 8.98 万吨/年，累计投入废水治理设施运行费用 32.30 亿元，累计处理工业废水 8.08 亿吨，累计削减化学需氧量 43.48 万吨，工业废水处理率比 2005 年提高了 16.97%，工业废水排放达标率提高了 2.84%，化学需氧量排放强度下降 35.56%。

2. 全区废气工业污染防治设施建设情况

2010 年，全区共有各类工业废气治理设施 4 082 套，其中除尘设施 3 624 套，脱硫设施 22 套。除尘设施中旋风除尘 1 505 套、布袋收尘 691 套、湿法除尘 423 套、静电收尘 277 套；脱硫设施中烟气脱硫设施 16 套，硫黄回收装置 6 套。全区工业废气治理设施设计处理能力 4.21 亿立方米/时，年废气处理量为 5 047 亿立方米，工业废气处理率为 60.21%。

全区工业烟（粉）尘去除量 218.87 万吨，各类烟（粉）尘处理设施中，静电除尘器烟（粉）尘去除量为 113.27 万吨，多管旋风除尘设施烟（粉）尘去除量为 48.55 万吨，布袋收尘器烟（粉）尘去除量为 24.51 万吨，分别占全区烟（粉）尘去除量的 51.75%、22.18% 和 11.2%。全区各类脱硫设施工业废气治理设施设计处理能力 1 587 万立方米/时，实际处理量为 1 240 亿立方米。二氧化硫去除量为 13.49 万吨。

"十一五"期间，全区工业累计投入废气治理设施资金 16.45 亿元，建成 179 个废气治理项目，新增废气治理能力 1 181 万立方米/时。2010 年与 2005 年相比，烟（粉）尘去除量增加 163.11 万吨，二氧化硫去除量增加 10.84 万吨，烟（粉）尘达标率提高 13.82 个百分点，二氧化硫达标率提高 5.82 个百分点。

"十一五"期间，累计去除二氧化硫 13.49 万吨，脱硫率比 2005 年提高 16.13%。全区主要二氧化硫排放行业中火力发电业有 25 台总装机容量 385 万千瓦燃煤机组完成 13 套脱硫设施建设，占燃煤机组总装机容量的 49%，其中 10 万千瓦以上新老机组安装脱硫设施的比例达到 67%，2010 年脱硫率达到 26.95%；有色金属冶炼行业中完成 3 套尾气制酸脱硫项目建设，脱硫率达到 40.45%；石油加工企业配套建有 6 套硫黄回收装置，脱硫率为 46.95%。

全区工业二氧化硫排放强度逐年降低，从 2005 年的 34.59 千克/万元下降至 2010 年的 23.72 千克/万元，下降幅度 31.43%。其中，燃煤火力发电二氧化硫排放强度由 61.1 千克/（万千瓦·时）下降至 48.6 千克/（万千瓦·时），下降幅度 20.33%。

全区工业氮氧化物排放强度无显著变化。全区工业粉尘排放强度逐年下降。

第七章 农业污染防治

第一节 农村环境保护概况

一、新疆农村基本情况

新疆幅员辽阔，绿洲面积 7 万多平方千米，农村居住区面积 3 800 平方千米，占国土面积的 0.23%。

2010 年末，全区总人口 2 181.3 万人。其中乡村户数 244.9 万户，乡村人口 1 049.5 万人，占总人口的 48.1%。

新疆农作物播种面积 7 137.96 万亩，其中，粮食播种面积 3 042.91 万亩；棉花播种面积 2 190.90 万亩；油料播种面积 410.06 万亩；甜菜播种面积 112.91 万亩；蔬菜播种面积 455.39 万亩。

2010 年，全年粮食产量 1 170.70 万吨；棉花产量 247.90 万吨；油料产量 66.62 万吨；甜菜产量 486.97 万吨；蔬菜产量 1 734.40 万吨；水果（含果用瓜）产量 1 028.85 万吨，其中园林水果 593.85 万吨。年末牲畜存栏 3 722.12 万头（只）；全年牲畜出栏 3 498.52 万头（只）；肉类总产量 122.05 万吨，其中，猪肉产量 23.05 万吨，牛肉产量 35.47 万吨，羊肉产量 46.95 万吨；牛奶产量 128.60 万吨；绵毛羊产量 6.85 万吨；水产品产量 10.00 万吨。

二、新疆农村存在的主要环境问题

新疆是绿洲灌溉农业,农村也都分布在绿洲上。绿洲呈点片状分布于戈壁荒漠中。新疆农村主要的环境问题表现在饮用水面源污染、村庄生活污染、畜禽养殖污染以及农村面源污染等四个方面。

1. 饮水安全问题依然存在

水质超标问题在新疆各地州依然存在,随着农村饮水解困工作的深入开展,高氟水、高砷水、苦咸水等自然因素造成的水质超标问题得到了一定的改善,农民饮水安全问题得到了缓解。但新疆农村饮用水水源地保护基础设施建设严重滞后,在融雪和暴雨季节,大量的泥沙、粪便、杂草污物随地表径流进入河道,使地表水受到不同程度的污染。由于广大农牧民逐水而居,直接饮用渠水、涝坝水,而牲畜粪便、农家肥、垃圾等在风吹雨淋的情况下进入渠坝,再加上人畜共饮,水质中细菌显著超标,使农牧民的饮水安全得不到保障。

农村饮用水水源水质监测力量薄弱。水质监测与评价一直在针对城市饮用水水源地开展。在广大农村地区,由于水源地分布分散且规模小,水质水量不稳定,开展例行监测工作的难度很大。

2. 村庄基础设施薄弱,生活污染严重

农村地区生产生活方式以及经济条件相对落后,人畜粪便、生活垃圾和生活污水等废弃物大部分没有得到有效处理,随意堆放在道路两旁、田边地头、水塘沟渠或直接排放到河渠等水体中,普遍存在"垃圾靠风刮,污水靠蒸发"的现象。

受经济发展水平限制,新疆农村环境保护基础设施建设投入较少,村、镇一级几乎没有大的垃圾、粪污处理处置设施,导致人畜粪便、生活垃圾和生活污水等污染无法得到处理,被随意堆放在道路两侧、村庄

周围、水塘沟渠或直接排放到水体中，不仅污染了村庄的自然环境，也导致人居环境较为恶劣。据测算，2010 年新疆农村生活污水产生量为19 537 万吨/年，垃圾产生量为 191 万吨/年。

3. 畜禽养殖污染

新疆地域辽阔，地广人稀，又是全国五大牧区之一，草原畜牧业在国民经济中占有重要地位。新疆现有牧业县 22 个，半农半牧业县 15 个，牧场 131 个，乡村牧业户 28.69 万户，牧业人口为 120.78 万人（不包含兵团）。随着农区畜牧业的快速方展，规模养殖小区和畜禽散养密集区的数量也在增加，生产过程中产生的畜禽粪便大量在村庄堆积，未能得到及时有效的处理和还田，成为农村和城乡结合部的重要污染源。2010年末，新疆牲畜存栏 4 255.6 万头（只），畜禽养殖废弃物产生量约为4 660 万吨/年。根据污染源普查结果，农业源污染主要来自于畜禽养殖、水产和种植业，其中：畜禽养殖化学需氧量约占农业源化学需氧量排放总量的 96%；氨氮约占农业源氨氮排放总量的 44%。另外，在"十二五"规划中，水污染物总量控制把污染源普查口径的农业源纳入总量控制范围。

4. 农村面源污染不断加重

新疆是农业大省，化肥、农药的不合理施用以及废弃农膜残留是农村面源污染产生的主要途径之一。农药、化肥通过灌水、空气、土壤散逸入农业生产环境中，造成污染。随着化肥、农药使用量的逐年增加，其污染程度也在逐年加重。

新疆也是农膜使用的重点省区，由于没有建立完善的回收体系，残膜只能被焚烧或堆放在田间地头，造成二次污染。

第二节　农村节能减排

一、控制农业面源污染

1．推进农田地膜污染治理

新疆大面积推广使用地膜覆盖技术，大幅度提高了农作物产量，对发展农业生产、保障粮食安全、推动农村经济的持续发展起到了积极的作用。但随着农田地膜使用量的增大，加之缺乏有力的残膜回收措施，致使残膜在农田土壤中逐年增多。据 2008 年的抽查结果显示，农田地膜平均残留量高达 7.35 千克/亩。农田残膜不仅会影响作物生长，导致作物减产，农机作业质量和效率下降，而且会破坏自然环境，影响农村环境卫生。为此，新疆的中央农业科技资金全部用于实施废旧地膜回收利用技术推广项目，治理农田"白色污染"问题。目前，全区推广实施废旧地膜回收利用示范耕地面积总计 92 万亩，累计已培训农民及农技人员近 5 万人次。同时，新疆环保厅引进日本丸善化学株式会社的生物降解地膜，在新和县进行了试验，目前实验进展顺利。此外针对新疆农田残膜的现状，向自治区人民政府提交了《关于加强我区农田废旧地膜污染综合治理工作的请示》。

2．加大农药、化肥污染治理力度

近年来，新疆各地（州、市）严格检查和控制高毒农药和禁用农药的销售和使用，有效减少了农药对农作物的污染。2011 年，全区农药用量得到有效控制，重点控制蔬菜农药残留超标率，在农产品产地、农贸市场、农产品超市开展农产品农药残留检测，普及农药残留速测仪器的使用，在地州以上城市开展农药残留定量检测活动。

3．加速推进农田测土配方施肥技术

为了有效治理化肥对土壤、水体和大气的污染，加大农业生态环保新技术的推力度，大力开展测土配方施肥，推广科学平衡施肥，提高化肥利用率，降低养分流失。目前，全区测土配方施肥项目已覆盖 86 个县市，测土配方施肥技术推广应用面积 3 421.9 万亩，亩均减少不合理施肥 3.74 千克，亩均节本增效 48.65 元，总增产节支 16.646 9 亿元。

4．狠抓农产品产地环境保护

积极开展了以县为单位的农产品产地整体环境影响评价工作，已制定下发了《自治区农产品产地整体环境影响评价实施方案》、《自治区农产品产地整体环境影响评价监测方案》，计划完成 60 个县农产品产地整体环境影响评价，进一步抓好全区农产品产地监管工作，提升农产品质量安全水平，从源头上保障食品安全。新疆环保厅在昌吉市、吐鲁番市、塔城市及和硕县等 4 个县市继续开展农产品产地整体环境影响评价工作，积极开展农产品产地样点布设及采样工作，涉及农产品产地面积 33.68 万亩。

二、加强农村沼气建设

2003—2010 年，经过自治区和各地的共同努力，全区共投入 32 亿元，累计建成户用沼气 50.06 万户，农村沼气已在全区 82 个县市普及推广，普及率达到了 20%。已建成县、乡、村沼气服务站 1 037 个，服务面覆盖 60%的沼气农户。已建成养殖小区小型沼气工程 71 个、户联沼气工程 97 个；大型沼气工程竣工 4 处，在建 40 处，农村沼气工程使约 200 万农牧民从中受益。

1. 提高农民收入，改善农村人居环境

利用沼气代替了传统的柴草、煤炭，1个沼气农户每年可节约燃料费 500 元以上。初步形成农村沼气运行体系，户用沼气整村推进、大型沼气全面起步，处理人畜粪便生产有机肥约 850 万吨，减排温室气体约 240 万吨，"一池三改"解决了农村炉灶烟熏火燎的问题，改变了人畜舍混杂的问题，建设沼气厕所，人畜粪便进入沼气池进行无害化处理，从根本上改变了农村的人居环境，提高了农民生活质量。

2. 促进农业增效，改善了农业生产条件

利用沼气技术，促进了秸秆牲畜过腹，粪便进入沼气池生产沼气、沼肥，高效沼肥培肥地力、促进生产，发展了无公害和绿色农产品。据初步测算，新疆 50 万户沼气池发挥作用后，每年可为农业生产提供沼肥 1 000 万吨，重点用于温室大棚、蔬菜基地、棉花等可提高农产品质量，增加农业生产产值。

3. 增加农村能源供给，有效保护新疆绿洲生态环境

据 2006 年调查显示，因燃料短缺，新疆环塔里木盆地农民炊事、采暖每年砍伐胡杨、梭梭等荒漠林木高达 597 万吨，而合理提供的薪柴量仅为 40 万吨左右。遭到不同程度破坏的胡杨、梭梭林有 1 000 多万亩。所以说发展沼气是解决新疆农村生活用燃料、改善和保护脆弱生态环境的有效措施。据测算，建设一口 8 立方米容积的沼气池，每年能生产沼气 480 立方米以上，可以满足 5 口之家炊事用燃气。480 立方米沼气的能源量相当于 2.7 吨薪柴或 6 亩的林地、20 亩的荒漠林或次生林的年生长量。

第三节　农村环境综合整治

新疆维吾尔自治区党委、自治区人民政府高度重视农村环境综合整治工作，相继出台了《关于进一步加强环境保护与生态建设的意见》（新党发[2009]6 号）和《关于加强农村环境保护工作的意见》（新政办发[2009]136 号）等文件，实施"以奖促治"、"以奖代补"政策，批准《农村环境综合整治规划》，全区乡镇数 806 个（其中镇 182 个，乡 624 个），村 8 936 个，已经实施农村环境综合整治治理的行政村数量是 137 个，占全区行政村总数的 1.53%。截至 2010 年，自治区已经实施中央投资农村环境综合整治"以奖促治"项目 92 个，投资总额 8 294 万元；实施自治区农村环境综合整治"以奖促治"项目 45 个，投资总额 2 745 万元；直接受益村庄 137 个，直接受益农牧民达 235 429 人，极大地推动了新疆农村环境保护工作的开展。

一、开展的主要工作

1．加强组织领导

2010 年，新疆 15 个地（州、市）"以奖促治"项目的实施县均成立了政府领导的农村环境综合整治工作小组。项目村所在乡镇均已建立目标责任制，将项目实施内容及后期维护运行措施责任到人、落实到位。并与其他各相关部门建立协调联动机制。克拉玛依市、哈密地区政府成立了以政府领导为组长、政府各相关职能部门主要负责同志为成员的社会主义新农村建设领导小组，统一负责全市社会主义新农村建设，把农村环境综合整治工作作为社会主义新农村建设的一项重要内容。

2. 全面动员部署

为贯彻落实"全国农村环境保护工作电视电话会议"精神，2008年8月召开了自治区农村环境保护工作电视电话会议，安排部署了各项工作任务。新疆财政厅、环保厅联合编制了《新疆农村环境综合整治规划（2009—2020）》，在自治区境内执行，15个地（州、市）也都编制了《农村环境综合整治规划》，与自治区规划衔接。

3. 落实目标责任

新疆维吾尔自治区人民政府每年与各地（州、市）政府签订环境保护目标责任书，把农村环境保护纳入政府目标责任制考核体系，细化了农村环境保护考核指标。

自治区各地（州、市）项目所在地县人民政府都建立了农村环境综合整治目标责任制，成立了由县政府县长（副县长）为组长，县环保局、乡、村主要领导为成员的农村环境综合整治项目工作领导小组，进一步明确职能职责，狠抓责任落实，提供了坚强的组织保障；主管环保工作的县领导负总责，整治项目所在乡地人民政府承担项目建设工作，县财政局、县环保局负责项目质量与进度建设，并负责项目资金的管理工作。明确了项目具体承担单位的任务和要求。项目所在村镇设立专门的工作机构，有专人负责项目的实施。

4. 项目建设实施村务公开

项目所在村镇对治理内容、项目安排、实施情况、资金安排等进行村务公开。

一是加强领导，明确职责，确保项目顺利实施，县市委、县政府对项目工作高度重视，专门召开会议，成立农村环保专项资金项目领导小组，建立项目责任制。

二是县市环保局按照县市建立的农村环保专项资金项目责任制，主要领导亲自抓，明确项目的任务，确保项目的顺利实施。

三是项目所在地的乡镇成立主要领导任组长，分管领导任副组长的项目实施领导小组，成员由村干部等相关人员组成，并签订项目责任书，将责任落实到具体人员，抓住关键环节，建立项目执行全过程监管的工作机制，对项目建设重点内容，实行法人责任制。招投标制，对资金筹措和管理、施工建设、技术方案及建成后的设施运行全过程责任制，认真履行"环评"手续，建立健全管理制度。

四是项目严格遵守报账制，县市环保局、财政局对资金的使用和项目实施情况进行监督，督促项目承担单位规范程序，按规定使用资金，提高项目建设质量，项目的每一项工程均由县市环保局验收合格后再拨付资金，并在项目实施村镇将项目资金使用情况进行张榜公布，确保了项目资金的合理和正确使用，发挥效益。建立项目竣工验收制度，对实施完毕的项目内容均由县（市）环保局和财政局开展初步验收。地（州、市）环保局、财政局进行预验收并报自治区验收。

5. 保障资金投入到位

实施《农村环境综合整治规划》，新疆采用国家、自治区两级资金投入，地方以工代赈的机制，积极筹措资金实施本级农村环境保护专项资金项目。2009 年实施自治区农村环境保护专项资金项目 33 个，安排预算资金 1 500 万元。2010 年实施自治区农村环境保护专项资金项目 37 个，安排预算资金 1 870 万元。2009—2010 年累计投资 3 370 万元。资金全部到位，项目全部启动。

6. 加强机构和队伍建设

结合农村环境综合整治工作，加强基层环境保护机构队伍建设，推动环保机构向广大农村延伸，昌吉州试行乡镇环境保护工作站标准化管理，对达到要求的环境保护工作站进行工作奖励。

2010 年，全区已建立乡镇环境保护工作站 323 个，占全区乡镇总数的 40%；有 3 434 个村庄设立了专（兼）职环保员，占全区村庄总数的 38.5%；全区乡镇环境保护工作人员数量达到了 762 名，村环保员数量达到了 4 697 名。

二、取得的主要成效

1. 农村饮用水水源地环境保护和水质得到进一步改善

通过实施饮用水水源地保护项目、建立饮用水水源保护区、树立水源地保护标牌、建设水源地围栏、清理水源地周边污染源等措施，使当地群众生产、生活条件和生态环境得到改善，农村饮用水水源地环境质量明显改善，饮水安全得到了加强，村民饮用水合格率达到 100%。

2. 农村生活污水、垃圾初步得到治理

通过农村综合整治工作的推动，把农村生活污水纳入区域生活污水处理规划中实施。对远离城镇的偏远乡镇，因地制宜实施集中收集并入污水处理厂管网，或排入简易氧化塘加小型湿地，或采用分户建设污水处理小型化粪池等处理方式，实现村庄生活污水的收集与处置，严禁生活污水通过沟渠、渗坑、渗井排放，污染环境。使实施项目村庄的生活污水处理率达 70%以上，树立"人人讲卫生，齐心爱环境"的新观念，改变群众乱倒污水的生活陋习。

通过购置垃圾清运车，在各村场安放垃圾箱（桶），建立生活垃圾转运站、简易垃圾填埋场等方法，实现农村生活垃圾定点存放、统一收集、定时清运、集中填埋。基本形成了生活垃圾户户入箱，村集中收集运输处置的模式，构建起了覆盖全村的垃圾处理网络，村庄垃圾集中收集清运率基本达到 100%，无害化处理率基本达到 70%以上。彻底治理

了村庄生活垃圾污染问题，有效改善了村落随意倾倒的现象，保护了脆弱的生态环境。项目实施后村庄达到整齐划一、房前屋后道路干净整洁，村容村貌明显改善，农村环境综合整治辐射效应、示范效应已初步显现。

3. 畜禽养殖污染防治取得新进展

新疆作为全国重点牧业大区，畜禽粪便污染一直是牧区村庄和农区养殖集中区域的主要环境问题，通过实施养殖小区沼气池、畜禽粪便集中堆存发酵池等的建设，使项目所在村庄的畜禽养殖粪便污染问题得到了有效解决，实现了人畜分离，推动了养殖业与种植业的农村绿色循环经济理念在农牧区村庄的深入推广，改变了农牧民的传统种养殖方式的转变。通过科学合理划定禁养区和限养区。改变目前人畜混居现象。建设生态养殖场和养殖小区，通过发展沼气、生产有机肥等综合利用方式来无害化处理畜禽粪便，防治畜禽养殖污染。针对村庄畜禽养殖特点，合理设置畜禽粪便处理设施。提高畜禽粪便综合利用率的同时也改善了人居环境并解决了畜禽污染问题，实现养殖废弃物的减量化、资源化、无害化，使畜禽粪便得到有效处理，综合利用率达到100%。

同时新疆强化了畜禽养殖污染防治，利用两年时间在全区范围内开展规模化畜禽养殖场专项执法检查，对排放不达标的养殖场进行限期治理改造，并督促开展畜禽养殖废弃物综合利用和污染防治示范工程，逐步将规模化畜禽养殖场（小区）纳入日常环境监管。

4. 加强农村工业污染防治

在推进农村环境综合整治工作中，按照建设项目环保审批制度，严格环评审批，防止有污染项目向农村转移。加强对农村工业企业的监督管理，严格执行企业污染物达标排放和污染物排放总量控制制度，加大对农村工业企业污染治理，实现污染物达标排放，防止城市工业污染农村环境。

5. 推进农药、化肥污染防治

开展测土配方施肥技术，积极引导农民科学施肥和使用生物农药或高效、低毒、低残留农药，鼓励农民使用绿肥、农家肥和秸秆返田，采用频振式杀虫灯诱杀等环保方式防杀害虫，有效降低和减少农药施用量。严格控制农药、化肥、地膜污染，积极防治农村土壤污染。同时，减少农业面源污染，防止耕地质量恶化。

6. 加强生态乡镇、村创建

为了鼓励各级政府积极主动开展农村环境保护工作，环保部对开展生态示范创建并获得命名的乡镇（村）实施了"以奖代补"政策。结合中央"以奖促治"、"以奖代补"政策措施，新疆环保厅在积极开展农村环境综合整治项目的同时，也大力推动"以奖代补"生态示范工作的开展，认真开展自治区和国家级"生态村"、"生态乡镇"的创建活动，使农村环境保护工作真正从村庄抓起，农村环境综合整治与生态示范建设双管齐下、相互促进。并及时拟定了自治区级"生态村"、"生态乡镇"的创建标准与指标体系，并要求各地按照分级管理、逐级创建的原则，切实开展地州级生态示范创建工作。为了使生态示范创建工作切实发挥典型示范、以点带面、整体推进的促进作用；新疆对生态示范创建也实施了"以奖代补"政策，联合财政部门印发了《关于开展自治区农村生态示范创建工作有关问题的通知》（新环自发[2009]355 号），提出了编制乡镇环境规划的要求，确保各级农村环境保护工作在规划指导下科学实施。截至 2010 年，全区已经有约 75 个乡镇编制了乡镇环境规划。新疆对积极开展农村环境保护示范创建的乡镇进行奖励，几年来全区共创建国家级环境优美乡镇 8 个，自治区级环境优美乡镇 28 个，国家级生态村 3 个。其中已经获得国家环境优美乡镇（村）奖励的共 8 个，奖励资金 380 万元；自治区实施奖励的自治区环境优美乡镇共 25 个，奖励资金 625 万元。这极大地调动了各地开展农村生态示范、狠抓环境保护工作的积极性。目前各地州都在积极推动开展乡镇环境规划编制工作，确保以环境规划为指导，综合整治与生态示范齐头并进。

三、农村综合整治典型地区和村庄

实施"以奖促治"政策，开展农村综合整治，在农村产生了良好的社会影响，改善了农村饮用水水质，实现了生活垃圾、生活污水统一处理。

1. 和田地区洛浦县洛浦镇多外特村

①未治理前：农村饮用水水源得不到有力保护，无防护栏及警示标识。该村有饮用水水井一口，主要供应十个村的饮用水，由于资金缺乏，只给供水塔建设了围墙，水源地周围没有相应的护栏及警示标识，易造成水源污染，给水设施也易遭到人为破坏。生活污水和生活垃圾处理设施不健全，易造成地下水和环境污染。由于污染防治资金匮乏，监管机构不健全，该村没有能力建设生活垃圾及生活污水回收处理系统；同时，农牧民环境意识普遍不高，对环境污染的危害性认识不足，未经处理的生活污水极易污染地下水，未经处理的生活垃圾易滋生苍蝇等有害生物，易造成环境污染引发疾病。

②治理以后：该项目通过改造完善水源保护设施，有效地保障群众的饮水安全，现村民饮用水卫生合格率达到 90%以上；通过对各居民点生活垃圾集中收集，对可生物降解的有机垃圾收集后就地处理，其他垃圾统一收集后在远离村民居住荒地或戈壁滩挖坑掩埋等方法，生活垃圾定点存放清运率现已达到 100%，生活垃圾无害化处理率达到 70%以上。

2. 巴州尉犁县兴平乡达西村

达西村是 2008 年实施"以奖促治"的村庄，通过专项整治工作基本解决了村庄生活污水、生活垃圾的治理问题，也给周围其他乡镇带来了良好的示范效益。

项目实施前：无污水集中管网，生活污水随意泼洒；基本无垃圾收集设施。

项目实施后：结合农村"五清六改"工作，完成了农村污水管网铺设，污水集中处理率达到 100%；生活垃圾得到集中定点收集，基本解决了乡村"脏、乱、差"现象，生活垃圾收集清运率达到 100%。并按照集镇规划加强了以实施项目村为中心村的集镇建设，完成了全乡自来水入户工程、亮化工程、沼气入户及卫生厕所推广工程，有效地促进了农村经济和环境的协调发展，推动了社会主义新农村建设。

3. 乌鲁木齐达坂城区八家户村

达坂城区政府为了促进八家户村环境综合整治，在综合整治项目实施过程中，在配套资金之外出资给养殖小区新建了一座奶站，集中收购养殖小区养牛户的牛奶，并实现废水、牲畜粪便集中排放处理，给予养牛户相关的经济扶持，带动了一批农牧民群众走上了致富之路。

第四节 土壤环境保护

一、土地资源情况

新疆现有土地总面积 1 664 897 平方千米，其中未利用地占全区土地总面积的 61.36%，农用地占 37.89%，建设用地仅占 0.74%。

农用地中以牧草地面积最大，其占农用地面积的 81.02%。

"十五"期间，全区土地利用类型中林地、园地、建设用地有所增加；未利用地、牧草地和耕地有所减少。

"十一五"期间，全区建设用地、耕地、林地和园地面积有所增加，未利用地和牧草地面积有所减少。"十一五"期间土地利用变幅较"十五"期间要小。

"十五"至"十一五"期间，土壤侵蚀面积均呈增加态势，侵蚀趋势由轻度向中度和重度发展。新疆干旱的土地极易受到风力的侵蚀，风力侵蚀面积占全区土地总面积的 1/3，是新疆土壤侵蚀的主要类型。此外，新疆土壤盐渍化问题突出，这是由于气候干燥，热力作用造成水分上行占优势，将土壤和地下水中的可溶性盐带至地表，造成土壤盐渍化。除个别地区外，新疆大部分地区的土壤都有中度或重度的盐渍化，土壤盐渍化较重的地区主要分布在南疆。

新疆土地沙化严重，据国家林业局沙化土地监测结果显示，新疆现有沙化土地面积 $74.63×10^4$ 平方千米，占全区土地总面积的 44.82%。土地沙化主要分布在南疆、北疆两大沙漠的边缘，同时东疆、阿拉山口等大风地区也是土地沙化较重的区域。

草地面积呈现出持续减少态势，且全区 80% 的草场呈现出不同程度的退化。天然草地中退化较严重的草地面积已占到 30%～40%。草场退化已成为新疆普遍存在的生态问题。除自然因素外，载畜量过大、草场不合理利用也是造成草场退化的主要因素。2005 年草场超载率为 45%，至 2010 年虽然超载率总体趋于下降，但超载现象依然很严重，导致草地不断退化。

二、土地利用中存在的主要问题

1. 水利基础设施配套差，严重制约土地开发利用规模

由于新疆山区水库少，对水资源的调控能力较差，因此目前还不能

做到适时适量的合理灌溉。此外，新疆渠系输水系统渗漏损失严重，田间灌溉技术和管理落后，田间分水和量水的设施严重不足，毛灌溉定额高；土地平整度差，进入田间的水资源未得到充分、有效地利用，导致灌溉用水浪费。因此，水资源的粗放利用状况已严重制约了土地开发利用的规模和质量。

2.农业用地与建设用地的矛盾日益突出

新疆是干旱地区，土地利用的主要形式是绿洲利用模式。由于受水量和水资源利用技术水平的严重制约，人工绿洲面积不可能任意扩大。随着西部大开发战略的实施、"四大"基地和新型工业化的建设，以及小康社会、城镇化、新农村建设的推进，新疆耕地与建设用地的矛盾日益突出，而且也对土地利用规模、质量和水平均提出了更高的要求，建设用地占用耕地的面积在逐年扩大。此外，其他用地也存在粗放利用的现象，城、镇、村建设用地的效益没有很好发挥。

3.后备土地资源丰富，但开发利用难度大

新疆后备土地资源丰富，可供开发利用的土地面积大，但受经济条件和水资源的制约，土地利用率低。尤其是宜农后备土地资源质量差，盐碱地占一多半，开发中改良土地的任务艰巨，投入成本高。农用地中，牧草地面积大，但大部分是荒漠草地，产草量低，极易退化。对牧草地的改良、开发利用难度极大，且耗资多、技术难度高。

4.耕地肥力低下，重用轻养

耕地中水浇地大多数分布在山前平原区，少数分布在山间盆地或谷地，旱地主要分布在北疆的阿勒泰、准噶尔西部、伊犁河谷及天山北坡东段地带。

耕地中高产田数量少，仅占 18.5%。耕地养分含量普遍较低，且地

区之间差异大，南疆（平均 0.8%）低于北疆（平均 1.35%）。各类养分之间的差异表现在南疆土地的有机质、全氮和速效磷含量普遍较低，而钾的含量中等偏上。

新疆耕地肥力低的原因是多方面的，有土壤天然肥力就较低的自然因素，也有部分地区采用撂荒耕作制，仅靠自然恢复地力的历史因素。但更主要的原因是随着人口的不断增加，开发耕地的数量加大，在土地开发利用的同时，忽视了培肥地力，对耕地重用轻养或只用不养，造成了土壤肥力低下。

5. 部分区域土壤次生盐渍化严重

新疆降水稀少，耕地次生盐渍化面积占耕地总面积的 1/3 左右。主要集中分布在塔里木盆地、焉耆盆地、天山北坡等地。喀什、阿克苏、巴州、博州等地分布较广，阿勒泰、伊犁、塔城盆地次生盐渍化的面积相对较少，程度相对较轻。

6. 部分区域土地沙化严重

新疆是我国土地荒漠化及沙化面积最大、分布最广、危害最严重的省份，其土地荒漠化及沙化问题在中国乃至世界都具有典型性和代表性。据国家林业局第三次沙化和荒漠化土地监测（2004 年 4 月—2005 年 3 月）结果显示，新疆现有荒漠化土地总面积为 107.16 万平方千米，占全区国土总面积的 64.36%，沙化土地面积为 74.63 万平方米，占 44.82%。与 1999 年的全国第二次荒漠化和沙化土地监测结果相比，全区沙化土地每年增加 104 平方米，这些增加的区域主要集中在南疆的塔克拉玛干沙漠南缘和塔里木河流域下游。

7. 土壤污染问题日益严重

由于经济增长模式粗犷化，农田土壤污染问题日益严重。"三废"

处置不规范污染了土壤环境，在部分区域污水灌溉造成了土壤重金属含量超标；化肥、农药的不合理使用，造成土壤板结、土壤理化性质恶化；农膜大量残留，影响土壤的通气透水性，直接影响农作物产量和品质。

三、土壤环境保护主要措施

1．加大中低产田改造力度，改善生态环境，提高耕地质量

整治和改善耕地生态环境，提高耕地质量，是促进耕地持续利用的关键所在。一是要规范农村工业的发展，加强对耕地污染的监测和治理。二是要提倡传统农业生产方式的变革，代之以先进科学的种植方式，走生态农业道路。三是要加强国土整治工作，采取生物措施，工程措施，改土节水，改造中低产田，提高耕地质量，确保耕地资源的永续利用。加强土地整理与复垦等措施，既可提高土地质量和改善耕地生态环境，又可增加优质耕地面积。这是保护耕地的重要途径。土地整理的重点是将低产田的改良与整治工作结合起来，提高耕地质量、改善生态环境及其产出能力。

新疆补充耕地的难度逐步加大，所以必须以水资源量确定开发程度，并从深度上挖掘耕地生产潜力，提高耕地综合生产能力。农业综合开发实践证明，对中、低产田进行改造是一项投资少、见效快、提高粮食综合生产能力的有效措施。加大中、低产田的改造力度，应本着分类指导、合理利用的原则，根据中、低产田的具体情况和改造的难易程度，采取工程措施与农艺措施相结合的方法，努力消除制约耕地生产潜力发挥的限制因素，改善基础设施，搞好水利工程建设，不断提高耕地质量及其产出能力，缓解人地紧张的矛盾。

2．确保耕地总量动态平衡

实现耕地占补平衡在耕地保护中具有举足轻重的作用。因此，必须

加大土地开发整理力度，努力增加有效耕地面积，确保耕地占补平衡。目前全区土地利用还较粗放，耕地利用程度不高，土地开发整理的潜力十分巨大。对于局部区域在规划期内因不可预见的因素导致耕地损失或被重大建设项目占用，仅通过本区域内的土地开发整理难以弥补规划期内耕地平衡时，可以在加大自身土地开发整理力度的同时，与土地后备资源充足、垦殖潜力较大和土地整理潜力较大的地区联合，在新疆国土资源厅的协调下，通过规范有序地"异地开发"，确保全区耕地总量动态平衡目标的实现。

3. 划定优质农地

我国基本农田或优质农地的界定标准较为模糊，缺乏具体定量判定的标准，并存在着较大的主观性。在国务院颁布的《基本农田保护条例》和国家土地管理局的《划定基本农田保护区技术规程》中，基本农田是指生产条件（排灌条件、交通、地理位置、生态保护条件、土壤条件、地面坡度等）好，产量高（由各省根据不同地区进行划分），长期不得占用的耕地（保证人口高峰年本地人口对农产品需要量和国家商品需要所需的耕地）。因而，在这样一个界定模糊、弹性较大的基本农田标准下，基本农田保护区规划难免会把一些优质的农地"拒之"保护区外或将一些质量较差农田划入基本农田。而新疆中、低产田占耕地面积的80%以上，其中低产田达到45%左右，划为基本农田保护区的耕地有相当一部分属低产田耕地。因此，要实现耕地保护目标，必须严格界定基本农田，划分优质农地，即什么质量等级的农地需要保护。结合新疆具体情况，还需从耕地产值、产量、面积、耕作条件、基础设施建设等方面制定具体的衡量指标，建立优质农地指标体系，划分优质农地的范围。

4. 合理确定耕地保有量和基本农田保护率

应依据新疆经济发展形势确定耕地保有量和基本农田保护率。经济建设的需要、生态退耕及农业结构调整都将对耕地保有量和基本农田保护率产生直接影响。

应对措施：一是调整用地指标。经济建设的高速发展以及城市化水平的不断提高，城市基础设施和大型项目的建设加快，城市郊区化现象普遍，原规划中没有安排的项目现在已在进行中。因此，有必要根据现实情况做出适当调整，用足国家土地利用计划下的建设占用耕地指标，以适应经济建设的需要。二是根据外部环境变化及时调整耕地保有量和基本农田保护率。三是根据生态退耕和农业结构调整的需要，在退耕面积较大的城区适度减少耕地保有量，适当降低基本农田保护率，重点保护有灌溉保证的水田、菜地、水浇地等良田。为适应生态环境建设的需要，客观地衡量耕地保护工作成效，生态退耕面积可不包括在耕地保有量指标之内。同时要考虑区域间基本农田的"异地划补"政策。

5. 建立一套适应新疆耕地保护特点的土地评价体系

农地估价是合理利用耕地资源的基础，同时也是进行农用地利用和科学调整的依据。耕地保护工作必须明确回答什么样的耕地和什么地方的耕地必须受到保护，要科学地回答上述问题，必须对耕地的质量、区位和环境进行科学地评价，并建立一套适应新疆耕地保护特点的土地评价体系。

6. 建立耕地预警、监测系统，对耕地资源实行动态监测

耕地预警是对耕地状态进行预测，预报不正常状态的时空范围和危害程度，提出防范措施。耕地预警系统包括确定警情、寻找警源、分析警斥、报警、排除警情等多个子系统。耕地监测主要是监测耕地的数量、质量、环境变化。譬如质量监测方面，主要监测耕地的土壤水分、有机质、有效养分、土壤 pH 值、农产品品质及可能对耕地质量产生影响的其他因素。耕地环境监测范围较广，包括大气、土壤、农产品及灌溉用

水水质监测及其评价，对造成环境污染的农药、地膜、化肥、农家肥和城市垃圾堆肥等进行监测。通过耕地预警、监测信息系统，获取有关信息，为保护耕地提供技术支撑。

7. 加速土地信息化建设，实现耕地保护技术创新

21 世纪是信息时代，仅凭传统的方法已不能适应时代发展的需要，这就要求依靠科技进步实现管理服务信息化，提高土地资源管理水平。开展科技攻关，加强技术创新，以及新技术、新方法的试验示范，积极推进科技成果的应用和转化。加强土地资源信息化建设，积极实施国土资源的数字化目标，依托国家公用信息网络，构建土地资源主干网络和多级数据交换中心，全面建设土地资源信息系统；要运用高效、实用的信息采集与处理技术，实施土地资源基础数据库建设；要建立耕地资源等各种信息服务网络，实现国土资源信息社会共享。

在做好以上工作的基础上，提高耕地质量和土地产出率，提高粮食生产能力。同时，增加耕地管理的科技含量，运用现代信息技术，提高对耕地利用的监测能力，设立乡（镇）、村级耕地保护固定观测点，随时掌握耕地变化情况。对土地资源实行长期的动态监测，规范地籍登记，加强土地统计、土地评价，使土地管理科学化。做到"地动人知"，并向外部传递正确的信息。

8. 改进耕作制度，提高耕地的利用程度和利用效率

耕作制度包括两大类，一类是种植制度，如复种、间作、套种、轮作、连作；另一类是农田耕作技术，如农田基本建设、地力培肥、农用水管理、农田防护等。要总结多年来耕作制度改革的经验教训，因地制宜，创造条件，改进耕作制度。

9．加大科技投入，合理灌溉

制约新疆农业经济发展的瓶颈是水，一切发展要在保证用水的前提下，提高水资源的利用率。根据作物不同生育时期对水分的需求和土壤现状，进行适时适量的灌溉，并选择合理的灌溉方式和节水措施，实现农业生产的可持续。

10．发展粮食规模经营

在市场经济条件下，要确保新疆粮食的供需平衡，必须研究相应的生产与经营机制。调整作物结构和布局，保障粮食安全，加强科技创新，在品种、栽培技术上下工夫，努力提高生产水平。同时，积极探索土地经营权的合理流转机制，发展区域性的粮食规模生产，推进机械化耕作，发挥规模效益。加快粮食产业化进程。发展以企业+基地+农户为主要模式的粮食产业化经营。鼓励、扶持粮食加工企业建立专用粮生产基地，与农民签订收购合同，按优质优价原则直接收购农民的粮食，对具有品牌优势的农产品加工企业给予重点扶持，进一步扩大生产规模，提高农民生产积极性，增加农民收入。

11．转变土地利用方式，提高土地集约利用水平

鼓励建设单位在新建项目时优先利用闲置土地及存量非农土地，促进土地合理流转，激活土地市场，进一步提高非农地的利用效率。一方面建立存量土地项目库，对各类存量土地进行统筹规划，科学制定其发展利用方向；定期公布存量土地的数量、分布和开发利用方向，及时为建设单位提供用地信息，促进存量土地的开发利用。另一方面，通过对农村田、水、路、村庄的合理规划和综合整理，提高土地集约利用水平。从而既保护了耕地，又满足了城镇建设发展的需要。

12. 防治土壤污染

　　合理处置"三废",防治"三废"污染土壤环境。合理施用化肥,提高肥料利用率。改进施肥方法,增施优质有机肥,增加土壤肥力。合理使用农药,选择低残留的绿色农药。推广绿色环保农膜,防止残膜污染。

第八章　突发环境事件应对

第一节　组织机构及能力建设

2000—2010 年新疆维吾尔自治区突发事件环境应急工作坚持以预防为主、预防与应急相结合的工作原则，积极完善环境突发事件的应急工作体系。

一、组织机构

原新疆环保局在 2005 年组织编制了《新疆维吾尔自治区突发环境事件应急预案》，并成立了环境应急专家组。2007 年 3 月新疆维吾尔自治区人民政府第 37 次常务会议通过了《新疆维吾尔自治区突发环境事件应急预案》，于 2008 年由自治区人民政府颁布实施，并于 2010 年进行了修订。成立了以分管环境保护工作的副主席为组长，分管环境保护工作的政府副秘书长和新疆环境保护厅厅长为副组长，其他 11 个厅局和单位为成员的新疆重大环境事件应急指挥部，负责对全区特大、重大环境事件应急处理工作的统一领导及协调，并指挥救援处置工作，协调相关成员单位各负其责，做好相应的应急、协调、保障工作。

新疆环境应急指挥部下设日常办事机构——自治区环境应急指挥部办公室，办公室设在新疆环保厅。办公室主任由新疆环保厅厅长担任，日常工作由监测监察处负责，各成员单位指定环境应急联络员根据需要参与办公室工作。2010 年新疆环保厅成立了应急响应办公室，负责新疆环保厅环境应急响应工作，下设环境应急响应现场指挥组、环境应急响应现场监测组和环境应急响应现场处置组。环境应急响应现场指挥组，主要负责发生突发环境事件时的环境应急现场指挥和组织协调工作、指导地方人民政府的现场处置工作；环境应急响应现场监测组，主要负责突发环境事件的现场调查、监测，分析判断污染扩散趋势，划定危险区，收集信息，分析动态，及时提供必要的动态信息；环境应急响应现场处置组，主要负责发生突发环境事件时提出环境污染事件处置意见，对环境违法行为进行处理，组织对所造成的环境污染进行评估。新疆环保厅环境应急响应办公室日常工作由监测监察处负责。

为提高环境应急管理的科学决策水平，迅速、高效、有序地做好突发环境事件的处置工作，新疆环保厅成立了新疆环境应急专家组，聘任徐月英等 8 名同志为专家组成员。

专家组的主要职能：为全区环境应急管理工作提供切实可行的决策建议、专业咨询、理论指导和技术支持。

专家组重点开展两方面工作：一是指导应急处置工作，在发生突发环境事件后，指导制定科学、有效、可行的处置方案，提供决策建议，协助处理突发环境事件；二是日常业务咨询工作，包括参与环境应急管理重大课题调查研究，参与环境应急管理教育、培训以及学术交流。

二、能力建设

针对环境突发事件的偶然性和不可预见性，依托 12369 环保举报投诉热线，搭建了环境突发事故应急处理平台，接到群众举报后，立即启动应急体系，迅速采取相应措施予以处置。新疆环保厅应急响应办公室工作人员必须保证手机 24 小时开机，时刻处于待命状态。通过严格的规章制度，来确保自治区环境应急工作的工作效率和工作质量。

认真研究，充分论证，加强应急预案体系建设。在完善和修订预案过程中，紧紧围绕各类突发公共事件的特点，认真研究各类突发公共事件的发生和发展规律，充分借鉴相关单位的成功做法，注意吸取以往在应对突发环境事件中的经验教训，加强调研，广泛听取专家、管理部门和一线工作人员的意见，不断提高预案的合理性和可操作性。新疆环保厅先后编写了《新疆维吾尔自治区环境污染与突发环境事件应急管理办法（试行）》、《新疆维吾尔自治区尾矿库应急预案》、《新疆维吾尔自治区环保厅突发环境事件应急预案》、《新疆维吾尔自治区环境应急监测预案》、《新疆维吾尔自治区环境应急监察预案》、《新疆维吾尔自治区环保厅核辐射应急预案》等相关应急预案。全区已基本建立环境应急指挥网络，各地（州、市）环境保护局均配备了相应的环境应急监测仪器。

加大资金投入，提高环境应急处置能力。按照应急能力建设要求，2000年以来新疆环保厅投入上千万元购置了防护设备、应急监测设备，投入500万元作为应急物资储备资金。2005年成立了新疆环境监测总站应急监测中心，每年对应急车辆维修保养、更换应急试剂投入10多万元，进一步完善了环境应急监测体系，切实提高日常环境监管和快速应急能力。2009年新疆环保厅投入200万元建设应急指挥中心。

加强督导，强化培训，提高应急反应处置能力。环境应急管理的具体工作在基层，落实也在基层，新疆环保厅充分发挥统筹协调和监督指导作用，努力加强对环境应急管理工作的督查和指导，积极开展应急宣传教育工作，2000年共投入20多万元宣传经费，下发了环境应急管理书籍、应急知识手册和挂图，组织开展了应急知识培训。利用"6·5"世界环境日强化了环境事故应急宣传，进一步增加了公众预防环境污染事故的常识、防范意识以及相关心理准备，提高了公众的防范能力。

加强应急演练，提高应急反应处置能力。新疆环保厅通过组织全区环境应急培训和环境应急演练活动，努力做到人人熟悉环境应急程序，基本掌握环境应急处置方法和措施，极大地提高了紧急情况下的快速反应能力和处置突发重大环境污染事故的水平。2000—2010 年全区共开展各类环境应急演练 95 次，确实做到了应急有预案，监测有队伍，联动有机制，处置有措施，全面提高了应急管理工作水平。

第二节　环境风险源

2000—2010 年以来，为深入开展环境风险源排查工作，着力增强突发环境事件防范能力，自治区各级环保部门不断开展重大危险隐患排查工作，对重点行业、重点企业、重点敏感区域、重点流域、重点尾矿设施开展风险源排查工作，并组织各类培训班 5 期。

一、风险源基本情况

截止到 2010 年，新疆风险源企业共计 478 家，其中：石油加工、炼焦业 130 家，化学原料及化学制品 339 家，医药制造业 9 家。具体分布情况：自治区直辖单位 12 家，克拉玛依市 122 家，乌鲁木齐市 82 家，昌吉州 65 家，巴州 45 家，吐鲁番地区 36 家，伊犁州 35 家，哈密地区 26 家，阿克苏地区 23 家，喀什地区 11 家，塔城地区 9 家，博州 8 家，阿勒泰 2 家，克州 1 家，和田地区 1 家。

全区理化危险化学品产品种类合计 472 种，其中：自治区直辖单位 24 种，克拉玛依市 227 种，乌鲁木齐市 94 种，巴州 69 种，昌吉州 37 种，哈密地区 28 种，伊犁州 22 种，吐鲁番地区 17 种，喀什地区 13 种，塔城地区 7 种，博州 4 种，克州 1 种，和田地区 1 种。

初步确定全区风险系数较大的企业 155 家，其中：石油加工业 29 家，炼焦业 46 家，化学原料及化学制品 78 家，医药制造业 2 家。

①石油加工业主要分布在克拉玛依市、乌鲁木齐市、巴州、昌吉州。

②炼焦业主要分布在伊犁州、昌吉州、哈密地区、吐鲁番地区。

③化学原料及化学制品业主要分布在乌鲁木齐市、克拉玛依市、石河子地区。

二、尾矿库情况

截止到 2010 年，新疆共有尾矿库 73 家，其中：克州 21 家，阿勒泰 17 家，哈密地区 10 家，吐鲁番地区 7 家，喀什地区 6 家，塔城地区 6 家，巴州 2 家，伊犁州 1 家，乌鲁木齐市 1 家，克拉玛依市 1 家，博州 1 家。分布于塔河上游 23 家，额尔齐斯河流域 17 家，叶尔羌河流域 3 家，伊犁河流域 1 家。总储量 15 654 198.7 吨，含有化学品 33 种。

三、重金属情况

截止到 2010 年，新疆共有重金属企业 83 家，其中：属于重金属矿采选及冶炼类的 45 家，化学原料及化学制品类 7 家，皮革及其制品类 4 家，其他类 27 家。正常生产的企业 67 家，停产企业 11 家，间歇性生产 4 家，在建 1 家。生产过程中产生危险废物的企业有 21 家，危险废物处置方式为综合利用、尾矿库填埋、交由有危险废物处置资质的第三方处置等。

通过一系列的环境风险排查工作，有效掌控了辖区内各类风险源，建立健全了环境风险源数据库，为实现风险源实时监控和动态管理奠定了坚实的基础。

第三节　新疆维吾尔自治区突发环境事件应急预案

一、总则

1. 编制目的

建立健全突发环境事件应急机制，及时、高效、妥善地处置发生在自治区境内的突发环境事件，指导和规范突发环境事件的应急处置工作，维护自治区社会稳定，保护环境安全，促进自治区经济、社会全面、协调、可持续发展。

2. 编制依据

依据《中华人民共和国环境保护法》、《中华人民共和国安全生产法》、《国家突发公共事件总体应急预案》和《新疆维吾尔自治区人民政府突发公共事件总体应急预案》及相关的法律、行政法规，制定本预案。

3. 事件分级

按照突发事件的严重性和紧急程度，突发环境事件分为特别重大环境事件（Ⅰ级）、重大环境事件（Ⅱ级）、较大环境事件（Ⅲ级）和一般环境事件（Ⅳ级）四级。

（1）特别重大环境事件（Ⅰ级）

凡符合下列情形之一的，为特别重大环境事件：

①发生30人以上死亡，或中毒（重伤）100人以上；

②因环境事件需疏散、转移群众5万人以上，或直接经济损失1000万元以上；

③区域生态功能严重丧失或濒危物种生存环境遭到严重污染；

④因环境污染使当地正常的经济、社会活动受到严重影响；

⑤因环境污染造成重要城市主要水源地取水中断的污染事故；

⑥因危险化学品（含剧毒品）生产和贮运中发生泄漏，严重影响人民群众生产、生活的污染事故。

（2）重大环境事件（Ⅱ级）

凡符合下列情形之一的，为重大环境事件：

①发生10人以上、30人以下死亡，或中毒（重伤）50人以上、100人以下；

②区域生态功能部分丧失或濒危物种生存环境受到污染；

③因环境污染使当地经济、社会活动受到较大影响，疏散、转移群众 1 万人以上、5 万人以下的；

④因环境污染造成重要河流、湖泊、水库及沿海水域大面积污染，或县级以上城镇水源地取水中断的污染事件。

（3）较大环境事件（Ⅲ级）

凡符合下列情形之一的，为较大环境事件：

①发生 3 人以上、10 人以下死亡，或中毒（重伤）50 人以下；

②因环境污染造成跨地级行政区域纠纷，使当地经济、社会活动受到影响；

（4）一般环境事件（Ⅳ级）

凡符合下列情形之一的，为一般环境事件：

①发生 3 人以下死亡；

②因环境污染造成跨县级行政区域纠纷，引起一般群体性影响的。

4．适用范围

本预案适用于应对发生在新疆维吾尔自治区境内的各类突发性环境事件的应急响应；核与辐射事故引起的涉及环境事件应急响应应按《新疆维吾尔自治区核与辐射环境应急预案》执行；需要由国务院或环境保护部际联席会议协调、指导处置的突发环境事件或者其他突发事件次生、衍生环境事件，按有关规定或决定执行。

5．工作原则

①坚持以人为本，预防为主。加强对环境事件危险源的监测、监控并实施监督管理，建立环境事件风险防范体系，积极预防、及时控制、消除隐患，提高环境事件防范和处理能力，尽可能地避免或减少突发环境事件的发生，消除或减轻环境事件造成的中长期影响，最大限度地保

障公众健康，保护人民群众生命财产安全。

②坚持统一领导，分类管理，属地为主，分级响应。在地方各级人民政府的统一领导下，各有关部门和单位按照职责分工，密切配合、信息共享、资源互通、协同行动，提高快速反应能力。针对不同污染事件造成的环境污染、生态污染，实行分类管理，充分发挥部门专业优势，使采取的措施与突发环境事件造成的危害范围和社会影响相适应。

③坚持平战结合，专兼结合。积极做好应对突发环境事件的思想准备、物资准备、技术准备、工作准备，加强培训演练，充分利用现有专业环境应急救援力量，整合环境监测网络，引导、鼓励实现一专多能，发挥经过专门培训的环境应急救援力量的作用。

二、组织指挥体系及职责分工

1. 组织机构

（1）组织体系

自治区本级的突发环境事件应急组织体系由领导机构、综合协调机构、有关类别环境事件专业指挥机构、应急支持保障部门、现场应急指挥部、专家咨询组应急救援队伍组成。

（2）领导机构

新疆维吾尔自治区人民政府是自治区特别重大和重大突发环境事件应急工作的领导机构，负责统一领导在自治区区域内发生的特别重大和重大突发环境事件的应对工作。

（3）综合协调机构

①新疆突发环境事件应急工作指挥部。

新疆突发环境事件应急工作指挥部（以下简称新疆环境应急工作指挥部）是自治区本级的突发环境事件综合协调机构。

新疆环境应急工作指挥部由主管副主席担任总指挥，自治区政府主管副秘书长和新疆环境保护厅厅长担任副总指挥，新疆发展和改革委员会、财政厅、经信委、公安厅、安全生产监督管理局、卫生厅、通信管理局、民政厅、气象局、水利厅，以及兵团环保局等有关部门和单位负责同志组成。主要职责：贯彻执行国家和自治区有关突发环境事件应急工作的法律、法规、规章和其他有关规定，落实自治区政府有关环境应急工作的指示和要求；建立和完善环境应急预警机制，组织制定和修改突发环境事件应急预案；统一协调自治区区域内发生的特别重大、重大突发环境事件的应急救援工作；指导各地（州、市）政府有关部门做好突发环境事件应急工作；开展对环境应急工作的宣传、教育活动，统一发布环境污染应急信息；完成自治区政府规定的其他职责。

②新疆环境应急工作指挥部办公室。

新疆环境应急工作指挥部办公室设在新疆环境保护厅，由新疆环境保护厅厅长兼任主任。主要职责：按照新疆环境应急工作指挥部的要求，定期组织应急演习、人员培训和宣传教育工作，定期检查应急监测装备的配备与维护情况，及时向新疆环境应急工作指挥部报告有关信息，传达落实新疆环境应急工作指挥部的相关指示和要求，并完成新疆环境应急工作指挥部交办的其他工作。

（4）各成员单位职责分工

①新疆环保厅：负责环境事件的现场调查、监测，分析判断污染扩散趋势，划定危险区，提出环境污染事件应急处置方案，收集信息，分析事件发展动态，及时提供动态信息；对环境违法行为进行处理，对环境所造成的污染进行评估。

②新疆发改委：配合环境应急指挥部，组织协调相关部门，做好环境应急有关救援物资规划和储备工作。

③新疆公安厅：负责应急救援中维护治安、交通管制和群众疏散等工作，做好隔离区的警戒，确保应急通道畅通，保证各现场应急救援小组顺利进入指定工作区域。同时负责组织、协调特大、重大环境事件涉

嫌犯罪案件的侦破工作。

新疆武警消防总队：在公安厅统一领导下，实施环境事件现场处置方案，对现场进行洗消、堵漏，消除污染源。

④新疆民政厅：配合做好灾民的转移和安置工作，负责接受并安排社会各界的捐赠，调配救济物品，保障灾民的基本生活。

⑤新疆财政厅：负责做好应急资金的审核、资金安排及应急拨款工作。

⑥新疆经信委：配合环境应急指挥部，组织协调相关部门，做好环境应急有关救援物资和生活必需品的市场供应。

⑦新疆水利厅：负责提供污染水域的各种水利水文数据，派水利专家参与解决相关水域的环境污染，按新疆环境应急指挥部的指令，做好污染水域的水量调度工作。

⑧新疆卫生厅：负责组织应急医疗卫生救护和卫生防病队伍，抢救伤员，配合做好事故隔离措施，对事发地卫生部门提供技术指导。

⑨新疆安全生产监督管理局：负责设计危险化学品环境污染事故（剧毒化学品泄漏造成的伤亡事故）中安全生产责任查处，配合做好应急救援。

⑩新疆通信管理局：负责保障突发环境事件期间通信联络畅通，加强有关信息的管理和控制工作。

⑪新疆气象局：负责获取事故现场所需气象数据，大气污染浓度扩散预测和评估。

⑫新疆建设兵团环保局：负责配合新疆环境应急指挥部，对影响到兵团范围内的突发环境事件进行信息收集、现场调查、监测及提出对策建议。

⑬新疆环境应急事件专家组：由环境监测、化学化工、危险化学品、防化、生态、环境评估、水利水文、气象、卫生健康评估、损害索赔等专家组成。主要工作是参与突发环境事件应急工作；指导突发环境事件应急事件处置工作；向新疆突发环境事件应急指挥部提供决策建议和科

学依据。

三、预防和预警

1．信息监测

新疆环境应急工作指挥部有关成员单位要按照早发现、早报告、早处置的原则，开展对自治区内（外）环境信息、自然灾害预警信息、常规环境监测数据、辐射环境监测数据的综合分析以及风险评估工作。对发生在自治区以外可能对自治区造成重大影响的突发环境事件的信息进行收集和汇总，对事件发展的可能性进行预测，及时向新疆环境应急工作指挥部报告，并提出相应的应对建议。

环境污染事件、生物物种安全和辐射环境污染事件预警信息的监控工作，由环境保护部门负责；特别重大、重大突发环境事件预警信息经核实后，要及时向新疆环境应急工作指挥部和环境保护部报告。

2．预防工作

各级环境保护部门应当开展污染源、放射源和生物物种资源调查工作，加强对重点城市环境空气质量和流域水质的检测，定期组织对生产、贮存、运输、销毁废弃化学品、放射源的普查活动，掌握本行政区域内环境污染源的种类及分布情况，各相关部门负责了解国内外的有关技术信息进展情况和形势动态，提出相应的对策和意见。

3．预警及措施

（1）预警分级

按照突发环境事件的严重性、紧急程度和可能波及的范围，突发环境事件的预警分为四级，预警级别由低到高依次用蓝色、黄色、橙色和红色表示。根据事态的发展和应急处置效果，预警级别可以升级、降级或解除。

（2）预警执行

进入预警状态后，事发地县级以上政府及有关部门应当采取以下措施：

①立即启动相关应急预案。

②发布预警公告，蓝色、黄色、橙色预警信息分别由县、市、自治区政府决定向社会公布，红色预警信息由自治区人民政府根据国务院授权决定向社会公布。

③转移、撤离、疏散并妥善安置可能受到危害的人员。

④指令各环境应急救援队伍进入应急状态，环境监测机构立即开展应急监测，随时掌握并按规定报告事态进展情况。

⑤针对突发事件可能造成的危害，封闭、隔离或者限制使用有关场所，中止可能导致危害扩大的行为和活动。

⑥调集应急物资和设备，确保应急工作顺利进行。

（3）预警结束

经过对突发环境事件进行跟踪监测并对监测信息进行分析评估，认为应当结束预警状态的，事发地环境应急指挥部应当及时向本级政府提出结束预警状态的建议，由本级政府决定是否结束预警状态。决定结束预警状态的，由本级政府向社会公布。

（4）预警支持系统

建立报警服务系统及相关技术支持平台，建立环境应急资料库，开发研制环境应急管理管理系统软件，推动环境安全的信息化建设。

四、应急响应

1. 分级响应机制

突发环境事件应急响应坚持属地为主的原则，各级人民政府按照有关规定全面负责突发环境事件应急处置工作，新疆环保厅及自治区人民政府相关部门根据情况给予协调支援。

按突发环境事件的可控性、严重程度和影响范围，突发环境事件的应急响应分为特别重大（Ⅰ级响应）、重大（Ⅱ级响应）、较大（Ⅲ级响应）、一般（Ⅳ级响应）四级。超出本级应急处置能力时，应及时请求上一级应急救援指挥机构启动上一级应急预案。Ⅰ级响应由环保部和国务院有关部门组织实施。

2．应急响应程序

（1）新疆环境应急指挥部接到特别重大环境事件信息后，主要采取下列行动：

①启动并实施本部门应急预案，及时向国务院报告并通报环保部；

②启动本部门应急指挥机构；

③协调组织应急救援力量开展应急救援工作；

④需要其他应急救援力量支援时，向自治区人民政府提出请求。

（2）在进行Ⅱ级响应时，自治区有关类别环境事件专业指挥机构应当立即启动本部门的应急预案，按照新疆环境应急工作指挥部的要求，协调组织应急救援队伍赶赴事发地开展应急救援工作，并及时向新疆环境应急工作指挥部报告有关情况。

突发环境事件的Ⅲ级响应和Ⅳ级响应工作，分别由各地（州、市）、县政府组织实施。需要有关应急救援力量支援时，要及时向上一级应急工作指挥部提出申请。

3．信息报送与处理

（1）突发环境事件报告时限和程序

突发环境事件责任单位和责任人以及负有监管责任的单位发现突发环境事件后，应在 1 小时内向所在地县级以上人民政府报告，同时向上一级环保主管部门报告，并立即组织进行现场调查。紧急情况下，可以越级上报。

负责确认环境事件的单位，在确认重大（Ⅱ级）环境事件后，1小时内报告自治区级环保主管部门，特别重大（Ⅰ级）环境事件立即报告国务院环境保护主管部门，并通报其他相关部门。

地方各级人民政府应当在接到报告后1小时内向上一级人民政府报告。自治区级人民政府在接到报告后1小时内，向国务院及国务院有关部门报告。

Ⅲ级、Ⅳ级突发环境事件，新疆环保厅、地（州、市）人民政府（行政公署）应向自治区应急管理办公室报告，新疆环保厅应备案待查。各级人民政府和环境主管部门在向上一级报告的同时，要结合本地实际，科学采取有关措施，防范事件等级扩大和发生次生、衍生事件，减少事故损失。特殊情况的信息处理按国务院、自治区有关规定执行。

（2）突发环境事件报告方式与内容

突发环境事件的报告分为初报、续报和处理结果报告三类。初报从发现事件后起1小时内上报；续报在查清有关基本情况后随时上报；处理结果报告在事件处理完毕后立即上报。

初报可用电话直接报告，主要内容包括：环境事件的类型、发生时间、地点、污染源、主要污染物质、人员受害情况、捕杀或砍伐国家重点保护的野生动植物的名称和数量、自然保护区受害面积及程度、事件潜在的危害程度、转化方式趋向等初步情况。

续报可通过网络或书面报告，在初报的基础上报告有关确切数据，事件发生的原因、过程、进展情况及采取的应急措施等基本情况。

处理结果报告采用书面报告，处理结果报告在初报和续报的基础上，报告处理事件的措施、过程和结果，事件潜在或间接的危害、社会影响、处理后的遗留问题，参加处理工作的有关部门和工作内容，出具有关危害与损失的证明文件等详细情况。

五、指挥和协调

1．指挥和协调机制

根据需要，自治区人民政府成立环境应急指挥部，负责指导、协调突发环境事件的应对工作。

环境应急指挥部根据突发环境事件的情况通知有关部门及其应急机构、救援队伍和事件所在地人民政府指挥机构。各应急机构接到事件信息通报后，应立即派出有关人员和队伍赶赴事发现场，在现场救援指挥部的统一指挥下，按照各自的预案和处置规程，相互协同，密切配合，共同实施环境应急和紧急处置行动。现场应急救援指挥部成立前，各应急救援专业队伍必须在当地政府和事发单位的协调指挥下坚决、迅速地实施先期处置，果断控制或切断污染源，全力控制事件态势，严防二次污染和次生、衍生事件发生。

应急状态时，专家组组织有关专家迅速对事件信息进行分析、评估，提出应急处置方案和建议，供指挥部领导决策参考。根据事件进展情况和形势动态，提出相应的对策和意见；对突发环境事件的危害范围、发展趋势作出科学预测，为环境应急领导机构的决策和指挥提供科学依据；参与污染程度、危害范围、事件等级的判定，对污染区域的隔离与解禁、人员撤离与返回等重大防护措施的决策提供技术依据；指导各应急分队进行应急处理与处置；指导环境应急工作的评价，进行事件的中长期环境影响评估。

发生环境事件的有关部门、单位要及时、主动向环境应急指挥部提供应急救援有关的基础资料，环保、交通、水利等有关部门提供事件发生前的有关监管检查资料，供环境应急指挥部研究救援和处置方案时参考。

2．指挥协调主要内容

环境应急指挥部指挥协调的主要内容包括：

①提出现场应急行动原则要求；

②派出有关专家和人员参与现场应急救援指挥部的应急指挥工作；

③协调各级、各专业应急力量实施应急支援行动；

④协调受威胁的周边地区危险源的监控工作；

⑤协调建立现场警戒区和交通管制区域，确定重点防护区域；

⑥根据现场监测结果，确定被转移、疏散群众返回时间；

⑦及时向自治区人民政府报告应急行动的进展情况。

六、应急监测

新疆环保厅环境应急监测分队负责组织协调突发环境事件地区环境应急监测工作，并负责指导地（州、市）环境监测机构进行应急监测工作。

①根据突发环境事件污染物的扩散速度和事件发生地的气象和地域特点，确定污染物扩散范围，并加强随时监测。

②根据监测结果，综合分析突发环境事件污染变化趋势，并通过专家咨询和讨论的方式，预测并报告突发环境事件的发展情况和污染物的变化情况，作为突发环境事件应急决策的依据。

七、信息发布

1．事件通报

①突发环境事件事发地人民政府相关部门在应急响应的同时，应当及时向毗邻和可能波及的地、州、市通报突发环境事件的情况。

②接到突发环境事件通报的政府相关部门，应当将情况及时通知本

行政区域内有关部门和单位，采取必要的应对措施，并向本级人民政府报告。

③按照自治区人民政府指示，新疆环境应急工作指挥部应及时向地（州、市）人民政府（行政公署）有关部门和地（州、市）环保部门，兵团以及军队有关部门通报突发环境事件的情况。

2. 信息发布

各级政府设立的环境应急工作指挥部按照规定职责，负责突发环境事件信息的对外统一发布工作。突发环境事件发生后，要按规定及时发布准确、权威的信息，正确引导社会舆论。

八、安全防护

1. 应急人员的安全防护

现场处置人员应根据不同类型环境事件的特点，配备相应的专业防护装备，采取安全防护措施，严格执行应急人员出入事发现场程序。

2. 受灾群众的安全防护

现场应急救援指挥部负责组织群众的安全防护工作，主要工作内容如下：

①根据突发环境事件的性质、特点，告知群众应采取的安全防护措施；

②根据事发时当地的气象、地理环境、人员密集度等，确定群众疏散的方式，指定有关部门组织群众安全疏散撤离；

③在事发地安全边界以外，设立紧急避难场所。

九、应急终止

1．应急终止的条件

符合下列条件之一的，即满足应急终止条件：

①事件现场得到控制，事件条件已经消除；

②污染源的泄漏或释放已降至规定限值以内；

③事件所造成的危害已经被彻底消除，无继发可能；

④事件现场的各种专业应急处置行动已无继续的必要；

⑤采取了必要的防护措施以保护公众免受再次危害，并使事件可能引起的中长期影响趋于合理且尽量低的水平。

2．应急终止的程序

①现场救援指挥部确认终止时机，或由事件责任单位提出，经现场救援指挥部批准；特大环境安全事件终止由现场救援指挥部向环境应急指挥部提出，由环境应急指挥部批准。

②现场救援指挥部向所属各专业应急救援队伍下达应急终止命令。

③应急状态终止后，相关类别环境事件专业应急指挥部应根据自治区人民政府有关指示和实际情况，继续进行环境监测和评价工作，直至其他补救措施无需继续进行为止。

3．应急终止后的行动

①环境应急指挥部指导有关部门及突发环境事件单位查找事件原因，防止类似问题的重复出现。

②环境应急指挥办公室负责编制特别重大、重大环境事件总结报告，经自治区人民政府审核，15天内上报环保部。

③应急过程评价。由新疆环保厅组织有关专家会同事发地人民政府

组织实施。

④根据实践经验，新疆环保厅负责组织对应急预案进行评估，并及时修订环境应急预案。

⑤参加应急行动的部门负责组织、指导环境应急队伍维护、保养应急仪器设备，使仪器设备始终保持良好的技术状态。

十、应急保障

1．资金保障

新疆环境应急指挥部根据突发环境事件应急需要，指示环境应急指挥部办公室提出预算和资金申请，报同级财政部门审批，具体情况按照《自治区财政应急保障预案》执行。

2．装备保障

各级环境应急相关专业机构及单位要充分发挥职能作用，在积极发挥现有经验、鉴定、监测力量的基础上，根据工作需要和职责要求，加强各类应急交通、信息、检验、监测仪器的建设，增加应急处置、快速机动和自身防护装备、物资的储备，不断提高应急监测、动态监控和消除污染的能力。

3．通信保障

各级环境应急机构要建立和完善环境安全应急指挥系统和预警系统，应设立专门的报警电话，24 小时值班。配备必要的有线、无线通信器材，确保本预案启动时环境应急指挥部和有关部门及现场各专业应急分队间的联络畅通。

4．人力资源保障

自治区及各地（州、市）环境应急专业机构要建立突发环境事件应急救援队伍，提高其应对突发事件的素质和能力，培养一支常备不懈，熟悉环境应急知识，充分掌握各类突发环境事件处置措施的预备应急力量；了解和掌握各地化工等企业的消防、防化救援力量情况，保证在突发事件发生后，能迅速参与并完成抢救、排险、消毒、监测等现场处置工作。

5．技术保障

建立环境安全预警系统，组建专家组，确保在启动预警前、事件发生后相关环境专家能迅速到位，为指挥决策提供服务。建立环境应急数据库，建立健全各专业环境应急队伍，地区核安全监督站和地区专业技术机构随时投入应急的后续支援和提供技术支援。

十一、宣传、培训与演练

①各级环保部门应加强环境保护科普宣传教育工作，普及环境污染事件预防常识，编印、发放有毒有害物质污染公众防护手册，增强公众的防范意识和相关心理准备，提高公众的防范能力。

②各级环保部门以及有关类别环境事件专业主管部门应加强环境事件专业技术人员日常培训和重要目标工作人员的培训和管理，培养一批训练有素的环境应急处置、检验、监测等专门人才。

③各级环保部门以及有关类别环境事件专业主管部门，按照环境应急预案，定期组织不同类型的环境应急实战演练，提高防范和处置突发环境事件的技能，增强实战能力。

十二、应急能力评价

为保障环境应急体系始终处于良好的战备状态，并实现持续改进，对各级环境应急机构的设置情况、制度和工作程序的建立与执行情况、队伍的建设和人员培训与考核情况、应急装备和经费管理与使用情况等，在环境应急能力评价体系中实行自上而下的监督、检查和考核工作机制。

十三、后期处置

1. 善后处置

各级人民政府做好受灾人员的安置工作，组织有关专家对受灾范围进行科学评估，提出补偿和对遭受污染的生态环境进行恢复的建议。

2. 保险

应建立突发环境事件社会保险机制。对环境应急工作人员办理意外伤害保险。可能引起环境污染的企事业单位，要依法办理相关责任险或其他险种。

第九章　环保产业

第一节　环保产业发展概况

环保产业是指在国民经济结构中，为环境污染防治、生态保护与恢复、有效利用资源、满足人民环境需求，为社会、经济可持续发展提供产品和服务支持的产业。不仅包括污染控制与减排、污染清理及废弃物处理等方面提供产品与技术服务的狭义内涵，还包括涉及产品生命周期过程中的洁净技术与洁净产品、节能技术、生态设计与环境相关的服务等。

一、新疆环保产业发展现状

2010 年，新疆有专业从事环保产业的企业 85 家，年收入 52.9 亿元，其中，环保产品年销售收入 24.1 亿元，环境服务年收入 2 454.9 万元，环保产业年利润 8.71 亿元。在各有关部门的大力支持、产业协会会员单位及从事环保产业企业的共同努力下，环保产业协会在环保产品认定、环境污染治理工艺设计资格证书管理、环境保护设施运营资质认可管理等方面制定了规范的管理办法，为新疆环保产业的深入发展奠定了基础。

二、环保产业结构

新疆环保产业主要分为产品生产和环保服务两大类。其中，产品生产又分为生态产业技术开发、环保设备制造、资源综合利用等，环保服务又分为环境保护中介、服务、生态恢复工作等。近年来，在新疆维吾尔自治区环境保护产业协会（以下简称新疆环保产业协会）的积极推动下，新疆环保产业的内涵不断深化、拓宽。

新疆环境保护产业结构按经营活动范围可分为4种。①从事资源综合利用的单位所占比重最大，为49.4%；②从事环境保护服务业单位，为35.4%；③从事环境保护产品生产企业，为12.7%；④从事洁净产品生产的企业比重最小，仅为2.5%。

第二节　环保产业管理

一、开展环保产业调查

为全面了解新疆环境保护产业的发展进程，进一步加强全区环保产业行业管理，新疆环境保护部门先后在1997年、2000年、2004年和2011年进行了4次环境保护及相关产业基本情况调查。

1. 2011年环保产业调查基本情况

（1）调查对象

调查对象为2010年12月31日之前，在新疆辖区内正式登记注册的专业或兼业从事环境保护产品及洁净产品的生产经营、环境保护服务、资源综合利用，具有一定规模，独立核算的法人企业或事业单位，包括全部国有企业以及环保产业年销售（经营）收入在200万元以上的非国有企业或事业单位。

（2）调查结果

2010 年新疆有环保企业及相关产业单位 154 家。按照专业与兼业分，专业从事环保产业的企业 85 家，兼业从事环保产业的企业 69 家。其中生产经营和管理水平较好、较高的公司 20 家。环保相关产业从业人数 1.4 万余人。2011 年环保产业的总产值达 60 亿元，利润近 4 亿元（见表 9-1）。

表 9-1 新疆环境保护相关产业发展情况

项目	2000 年	2004 年	2010 年
企事业单位总数/个	65	79	154
从业人数/人	3 187	8 302	14 000
年收入总额/亿元	3.8	8.7	60

2. 新疆环境保护相关产业的基本情况

（1）环境保护服务

环境保护服务是指为环境保护提供的相关服务活动，包括环境技术咨询服务、环保设施运营服务、环境影响评价服务、环境监测服务、环境贸易与金融服务、环境信息服务、环境污染治理服务、环境工程设计与施工服务、环境保护技术与产品开发服务等。

环保服务业是环保产业的重要内容之一。1997 年，新疆从事环境保护技术服务的单位共 72 个，企业单位 22 个，事业单位 50 个，从业人数 8 761 人。从事环境保护技术服务单位的固定资产为 6 682.7 万元，年产值 3 955.61 万元，年利润 1 410.78 万元。到 2010 年环保服务业有了很大的进步和发展。

（2）环境保护产品生产经营

1997 年，新疆从事环境保护产品生产经营销售的单位共 66 个，企业单位 62 个，事业单位 4 个，从业人数 5 534 人。从事环境保护产品生产经营销售单位的固定资产为 5 792.41 万元，年产值 21 392.58 万元，年利润 3 448.57 万元。截至 2004 年，新疆从事环境保护产品生产的企业 10 家，从业人数为 432 人，年工业销售产值 7 594.33 万元，年产品销售收入 8 849.57 万元，年产品销售利润 154.2 万元。

（3）环境保护洁净产品生产经营

洁净产品是指洁净产品生产技术与设备、高效能源开发与节能的技术及设备、生态产品等，即对环境无害化或低公害的产品或绿色产品。2004 年，新疆洁净产品生产厂家只有 2 家。

（4）环境保护资源综合利用

1997 年，新疆从事环境保护资源综合利用的单位共 56 个，企业单位 53 个，事业单位 3 个，从业人数 28 955 人。从事环境保护资源综合利用单位的固定资产为 18 407.36 万元，年产值 31 854.46 万元，年利润 5 012.15 万元。

2004 年末，新疆从事资源综合利用的企事业单位有 39 家，从业人员 5 947 人，综合利用项目数 47 种。年工业销售产值 70 334.92 万元，年产品销售收入 70 665.81 万元，年产品销售利润 7 448.31 万元。年出口合同额 163 万美元。其中，矿产资源开采中共、伴生资源开发利用企业 5 个，综合利用项目 4 种，年工业销售产值 4 265.39 万元，年产品销售收入 4 952.94 万元；固体废物综合利用企业 32 个，综合利用项目 29 种，年工业销售产值 59 518.53 万元，年产品销售收入 60 481.95 万元，年产品销售利润 6 526.9 万元；废水（液）综合利用企业 5 个，综合利用项目 7 种，年工业销售产值 1 181.31 万元，年产品销售收入 313 万元，年产品销售利润 138 万元；废气综合利用企业 3 个，综合利用项目 5 种，年工业销售产值 408.2 万元，年产品销售收入 326 万元，年产品销售利润 317.8 万元；其他资源综合利用企业 4 个，综合利用项目 5 种，年工业销售产值 4 961.49 万元，年产品销售收入 4 591.92 万元，年产品销售利润 524.79 万元。

2000 年、2004 年、2010 年新疆环保产业的发展情况见表 9-1 及图 9-1 至图 9-3。

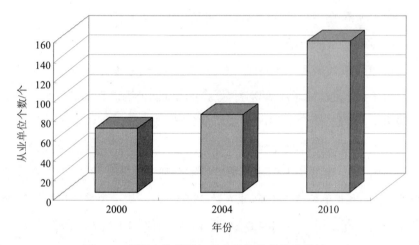

图 9-1　新疆环境保护相关产业从业单位发展情况

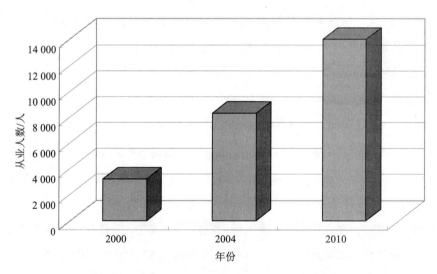

图 9-2　新疆环境保护相关产业从业人数发展情况

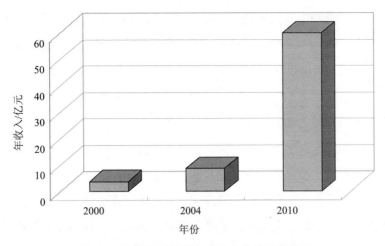

图9-3　新疆环境保护相关产业收入增长情况

二、促进环保产业发展的政策、措施

为规范新疆环境保护产业的发展，新疆维吾尔自治区人民政府根据实际情况，先后制定并发布了《新疆维吾尔自治区环境保护"十五"计划》、《新疆维吾尔自治区环境保护第十一个五年规划》等规范性文件。

1. 环境保护规划对环保产业的规定和要求

（1）《新疆维吾尔自治区环境保护"十五"计划》相关内容

《新疆维吾尔自治区环境保护"十五"计划》明确指出，促进环保产业发展是实现"新疆'十五'计划"目标的重要保障措施，其具体措施要求包括：

①大力发展环保产业，培育和完善环保产业市场，建设正常的市场流通秩序和良好的市场运行机制，形成统一开放、规范有序、公平竞争的环保产业市场体系。加强环保产业设备（产品）的质量技术监督，推行环保产业国家、地方标准，所有进入市场的环保产品，必须按标准组织生产。

②建立规范的环保产品的认证制度，按照企业自愿、国家统一管理、

第三方认证的原则开展规范的认证工作。推进环境服务机构等中介服务组织建设，完善环保产业技术服务、政策信息、市场信息服务体系，促进环保咨询服务业的发展。

③紧紧围绕生态环境保护和建设、工业结构调整和产业升级、工业污染防治等西部大开发战略的重点，加快开发与推广节水、新能源和可再生能源利用、清洁生产、资源综合利用等技术与装备，加快开发与推广水土保持和荒漠化防治的关键技术；重点发展污水处理成套设备、垃圾处理成套设备、工业有机废气净化设备、烟气脱硫成套设备、医疗废物及其他危险废物无害化处理设备、环境监测仪器，形成和发展有市场前景的环保产业。

④重点加强对环保企业的引导，积极执行国家发布的《当前国家鼓励发展的环保产业设备（产品）目录》。认真贯彻落实国家关于发展环保产业和资源综合利用的各项优惠政策，鼓励企业积极开展资源综合利用工作，拓宽废弃物资源化、减量化和无害化途径，提高资源综合利用水平。

（2）《新疆维吾尔自治区环境保护第十一个五年规划》相关内容

《新疆维吾尔自治区环境保护第十一个五年规划》仍然将环保产业作为规划目标实现的重要保障措施之一，进一步强调要加强环境科研，培育环保产业，促进环保产业发展。培育和完善环保产业市场，形成统一开放、规范有序、公平竞争的环保产业市场体系。加强环保设备（产品）的质量技术监督。建立规范的环保产品认证制度，促进环保咨询服务业发展。推行绿色采购，引导社会绿色消费。

2．新疆环保产业管理的政策依据

（1）环境保护部门发展环保产业的政策文件

《环境保护设施运营资质认可管理办法（试行）》（环发[1999]76 号）、《关于实施〈环境保护设施运营资质认可管理办法（试行）〉有关问题的通知》（环发[1999]212 号）、《环境工程设计证书管理办法》、《关于环境

工程设计证书管理有关问题的通知》（环发[1995]65 号）、《关于印发〈环
境污染防治工程专项设计资格证书评审办法〉的通知》（环发[1996]176
号）、《中国环境标志产品认证委员会章程（试行）》、《中国环境标志产品
认证管理办法（试行）》、《中国环境标志产品认证证书和环境标志使用管
理规定（试行）》、《环境保护产品认定管理办法》（环发[2001]203 号）等。

（2）其他部门促进环保产业相关文件

国家计委、国家质量技术监督局《产品质量认证收费管理办法》（计
价格[1999]1610 号）。

3．环保产业管理工作程序

为加强环境保护产业监督管理，促进环境保护产业健康发展，新疆
环保厅对环保产业管理具体工作的归属做出相应调整。2003 年 8 月新疆
环保厅经会议决定，环境保护设施经营资质认可、环保产品认定、登记
等技术审查工作由新疆环保产业协会承担。

（1）运营资质审批程序

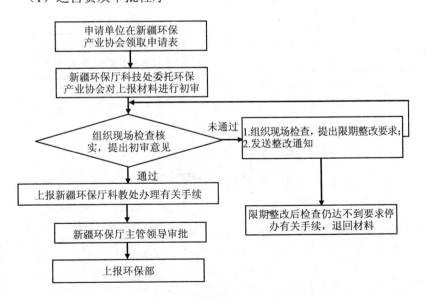

图 9-4 运营资质审批程序

（2）办理环保产品认证管理工作程序

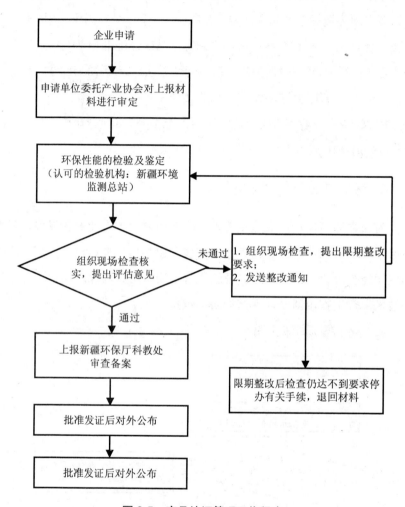

图 9-5　产品认证管理工作程序

（3）办理环保产品（新技术）登记证管理工作程序

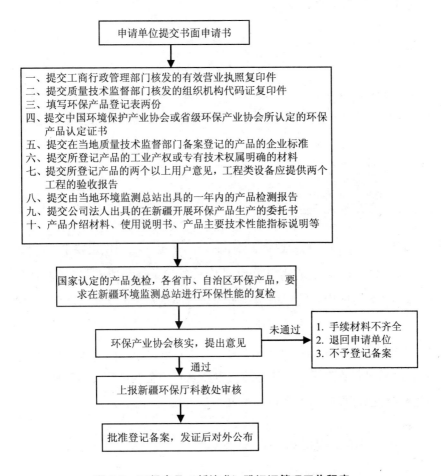

图 9-6　环保产品（新技术）登记证管理工作程序

三、环保产品管理

新疆环境保护厅对环保产品的认定和认证工作，划分为国家和自治区两个层次，遵循严格的认定程序和产品管理制度。

1. 区级环保产品认定

新疆环保产品认定工作过去由新疆环保产业协会承担。根据原国家环境保护总局《环境保护产品认定管理暂行办法》（环科[1997]251号）获得认定的环保产品，在全国范围内使用，在新、扩、改建项目的污染防治和其他污染防治过程中，以及环境监测中，必须使用获得认定的产品。各级环境保护行政主管部门，对不按上述规定办理的项目一律不予审批和验收。

2. 国家环保产品认证

新疆环保产业协会根据国家环保产品认定的相关规定要求，向区内有关企业公布了环保产品申请认证应具备的条件和所需要提供的材料与技术资料。区内企业申请国家级环保产品认定，可以通过新疆环保产业协会预审并推荐，也可以由企业直接向中国环境保护产业协会申请。经由新疆环保产业协会预审并推荐的企业，新疆环保产业协会不但会对申报材料进行详细审查，还会组织专家到有关企业进行实地勘察，只对符合条件的环保产品（企业）予以推荐。

四、新疆环保适用新技术

（1）环保燃气发生装置

环保燃气发生装置由福泰诚实业有限责任公司开发研制，产品利用民用轻烃供气系统汽化装置，经过物理方式并以制气技术进行气化，使液体轻烃转换成轻烃燃气，成为价格低于液化石油气、天然气的清洁能源。该产品是城镇燃气的补充气源，可缓解燃气供应总量不足，改善城市大气环境。在乌鲁木齐地区的使用，占乌鲁木齐市内中档酒店35%的份额，取得了良好的社会效益和经济效益。环保燃气发生装置已经获得国家发明专利，并于2005年在"第九届中国国际环保展览暨会议"上获得金奖。

（2）路塞系列砂土固化剂

路塞系列砂土固化剂是以植物纤维为基础原料，与无机盐和铵、钙、铝、硅及部分工业废料混合而成，是一种新型复合基质材料，为无色透明液体，具有良好的抗硫酸盐、氯盐侵蚀以及抗渗、抗冻、抗裂、水稳定性好的特点，适用于流动沙山、沙丘、沙坡的固化及沙漠化防治、沙害治理、沙尘暴的预防等。在流动的沙山、沙丘地带喷洒 20～30 厘米的路塞系列砂土固化剂，4～8 小时后就会将流沙固化，具有透气功能，不影响植被生长，一般野生动物践踏也无大碍。同时，还可用于沙漠筑路，可当做路面底基层、基层、面层，以替代外运天然沙砾料，达到就地取材的目的。路塞系列砂土固化剂是由新疆本土企业新疆赛里斯科技开发有限公司开发研制的，已经获得国家发明专利，并于 2005 年获得"第九届中国国际环保展览暨会议"金奖。

（3）节煤固硫除尘浓缩液

新疆天融环保科技开发有限公司与中国煤炭科学院（北京）通过多年合作，根据新疆气候寒冷的特点，经过反复试验，开发研制出新型的节煤固硫除尘产品——节煤固硫除尘浓缩液。这是一种酱褐色液体，产品组分包括渗透力强并具有乳化性能的表面活性剂 ENS、助燃剂、混合型强氧化剂、消烟剂、燃点引发剂（低、中、高）、固硫剂、除垢分散剂等。该产品主要应用于各煤矿生产的原煤及各种燃煤锅炉，包括层状锅炉、链条炉、抛煤炉、往复炉、沸腾锻造炉、窑炉以及煤粉炉等工业锅炉。应用的基本原理是在原煤装车输送带上加注后，在表面活性剂 ENS 带动下，使产品所含化学成分快速渗透到煤炭内部，数分钟后的机理反应使原煤立刻变为新型洁净煤。新型洁净煤进入炉膛引燃后，在助燃剂的作用下快速燃烧并能使化学反应保持稳定，避免了燃煤在炉膛中火势忽强忽弱、忽高忽低。

节煤固硫除尘浓缩液具有三大特点：①火焰温度的改变。加入浓缩液后，向火焰内部充入高密度氧，从而提高火焰内焰、中焰温度，使火焰的外焰得到相助（不加剂时，只有外部燃烧，火焰内核缺氧不燃烧呈黑色），燃料在高温状态下更充分燃烧，从而提高炉膛温度。②煤中的一部分水得到利用。正常运行时水作为火床稳定燃烧的调解剂，但也是燃烧中的主要杂质之一，加入浓缩液后，煤中的水遇热后蒸发出水蒸气，通过强氧化剂和高温烟气混合，瞬间形成可燃气体参与燃烧增加热能。③灰渣里面的金属化合物及非氧化物得到利用。煤中的灰分也是煤燃烧的主要杂质之一，加入浓缩液后，通过催化、氧化、膨松等过程，灰渣中的金属化合物及非氧化物参与燃烧增加热能，使灰渣总排放量减少30%以上。

2004 年，在山东能源新汶矿业集团有限责任公司（以下简称新矿集团）对该产品进行了大范围合作试验，并经原新疆环境监测中心站监测，使用新疆产的原煤喷洒节煤固硫除尘浓缩液后，在相同条件下烟尘排放降低 51.8%，SO_2 排放降低 52.2%，均达到国家和地区环保排放指标；节能 15%～20%，灰分减少十分明显。乌鲁木齐市华凌供热站使用一个采暖期，节约成本近 40 万元。同时，该产品的使用可相应降低机械磨损、延长设备的使用寿命、减少锅炉烟垢、提高导热系数，还可以获得保护锅炉、降低环境污染及降低司炉人员劳动强度等间接效益。

节煤固硫除尘浓缩液研制技术已获得国家发明专利，并于 2005 年获得"第九届中国国际环保展览暨会议"金奖。

（4）TL 湍流式烟气脱硫除尘技术

TL 湍流式烟气脱硫除尘技术是由新疆旭日环保股份有限公司自主研发的高新技术，其原理是在气动乳化过滤技术的基础上，利用气、液、固三相紊流掺混强传质机理，利用乳化状态、带有固硫剂的溶液湍流层过滤烟尘，达到脱硫除尘的目的。超强湍流传质技术不同于现有湿法技术，不是从增长气液接触时间、增大气液接触空间、增大持液量出发，而是通过建立超强湍流传质场，使气液在传质场中高速撞击，形成气相、液相都分散的状态，实现在最短时间、最小空间、最小液气比情况下，达到气液充分接触，进行高速传质，提高最小能耗下的高脱硫除尘效率。

近年来，TL 型湍流式烟气脱硫除尘技术在新疆多家大型企业治污项目建设中得到推广和应用，取得了良好的脱硫除尘效果。据监测数据显示，TL 型湍流式烟气除尘脱硫技术能处理含硫浓度和烟尘浓度大的烟气，其脱硫效率和除尘率皆可达 80%以上。目前，此项技术在国内处于领先水平，并填补了新疆自主研发脱硫除尘技术项目的空白。TL 系列湍流式烟气脱硫除尘器是该项高新技术推广应用的成果，属于湿法脱硫除尘装置，但不同于一般的湿法脱硫除尘器。其单位液体捕集和吸收烟尘及有害气体的效率显著增大，比水膜、喷淋鼓泡等湿法脱硫除尘器吸收的气固相物大得多。产品质量执行新疆旭日环保工程股份有限公司企业标准《TL 湍流式烟气脱硫除尘器》（Q/XXR 002—2003），其实地应用的各项环保指标达到《锅炉大气污染物排放标准》（GB 13271—2001）要求。经过脱硫除尘技术改造后，TL 湍流式烟气脱硫除尘器的技术指标能够达到除尘效率 95%以上，脱硫效率 85%以上，林格曼黑度一级。

与国内现有产品对比，TL 系列湍流式烟气脱硫除尘器除尘脱硫效率较其他类型产品效果更加显著，且具有占地面积小，运行费用低，不产生二次污染，使用寿命长等一系列优势，是目前解决各式层燃锅炉、沸腾锅炉及抛煤机锅炉排放超标的先进设备，不仅适用于中小型锅炉使用，也适用于大中型锅炉脱硫除尘使用；可小规模使用，也可适用于大规模、投资集中、技术含量高的自动化高效管理使用，尤其适用于城市集中供热工程。

TL 湍流式烟气脱硫除尘技术具有易推广，运行费用适中，脱硫、除尘效率高等特点，可以满足新疆城市环境空气质量对燃煤锅炉污染排放的特殊要求，可以为清洁能源行动试点示范城市建设提供技术支持。

五、引进或转化的国家环境保护最佳实用技术

新疆环保产业协会成立以后，积极引进、重点推广了许多国家环境保护最佳实用技术、推广项目和国家科委的科技重点推广项目。据统计，引进的环境保护新技术和新产品已达 32 项。其中引进或转化列入国家环境保护最佳实用推广技术项目 12 项。

表 9-2　引进或转化的国家环境保护最佳实用技术

序号	代号	名　称	引进单位
1-1	92-A-J-011	钢渣处理及综合利用	新疆水泥厂
1-2	92-A-J-011	钢渣处理及综合利用	新疆卡子湾水泥厂
1-3	92-A-J-011	钢渣处理及综合利用	昌吉头屯河水泥厂
2	92-B-W-021	WH 高效悬浮物分离器	新疆新丽环保股份有限公司
3-1	92-B-G-024	工业型煤炉前成型技术	新疆天山环保设备机械厂
3-2	92-B-G-024	工业型煤炉前成型技术	新疆十月拖拉机厂
3-3	92-B-G-024	工业型煤炉前成型技术	新疆大学（北校区）实习工厂
4	92-B-G-046	组合电收尘器系列技术	中国外运新疆公司环保设备厂
5	93-B-G-043	MBL 型密闭式沥青燃化炉	新疆新丽环保股份有限公司
6	93-B-G-048	二氧化氯协同消毒剂产生器	新疆新丽环保股份有限公司
7	94-B-G-009	西安正阳 XALA 煤用助燃剂	乌鲁木齐火炬科技开发公司
8	95-A-G-013	天山型旋风燃尽室工业锅炉	新疆天山锅炉厂
9	95-B-W-005	横变流斜板沉淀池	新疆钢铁公司炼钢厂
10	95-B-G-050	常压蒸汽助燃热水锅炉	乌鲁木齐市环保福利厂
11	95-B-S-062	硫化碱渣综合利用技术	新疆天山化工建材有限责任公司
12	95-B-S-063	煤焦油合成 FON-J 高效减水剂技术	新疆天山化工建材有限责任公司

第三节　环保产业协会

一、新疆环保产业协会发展概述

新疆环保产业协会成立于 1993 年，为中国环境保护产业协会会员单位，是新疆从事环保产业、环保产品经销单位自愿组成的群众性社会团体，是跨部门、跨所有制的行业组织。上级主管部门是新疆环境保护厅。

1. 协会的宗旨

贯彻执行国家和自治区的环保产业政策。以经济建设为中心，坚持可持续发展原则，维护会员的合法权益，全力促进环境保护产业的发展，为新疆的环境保护事业服务。

新疆环保产业协会围绕政府环境主管部门的环境污染防治、生态环境改善、自然资源保护等工作，为所进行的技术开发、产品生产、商品流通、信息服务、咨询评价提供辅助管理。

2. 协会的工作职责、业务范围

在新疆环保厅的领导下，在新疆民政厅的指导下，对新疆环境保护产业进行行业管理。为政府部门当好参谋助手，为环保企业做好桥梁和纽带。协助组织推动环保产业的发展，对环保产业的重大经济技术政策、行业发展和技术改造规划、产品结构调整等向政府部门提出建议；受政府有关部门委托制订环保产业的产品技术质量标准；参与环保产品的质量监督；制订环保产业的行规行约；促进环保产业向技工贸一体化方向发展。推动环保产业科学技术进步，组织技术攻关，开展技术咨询和服务，举办环保产业技术培训班，组织新疆的科技情报交流，向环保产业

单位和环保产品、技术用户推广新技术、新产品。为环保产业生产单位及环保产品、技术用户单位提供信息服务。通过全国环保产业信息网，调查、收集、研究区内、外有关环保产业的技术现状和发展趋势，及时向用户单位提供情报；定期举办环保产业技术经验信息新闻发布会。协助引进新技术，开拓国际环保市场。协助企、事业单位引进国内、外新技术、新装备；积极促进内引外联、东联西出，在新疆建立环保产业高技术开发区；组织区内新技术、新装备走向全国、走向世界。

出版环保产业专业性刊物，总结交流区内、外发展环境保护产业的经验，宣传党和国家发展环境保护产业的方针、政策，引导和促进环境保护产业的健康发展。维护会员的合法权益和行业声誉，保护环保产业领域里的知识产权；代表会员向政府有关部门反映会员的各种意见、要求和建议；协助政府打击环保产业里的伪劣假冒产品，维护环保产业的声誉。

受政府部门和会员单位的委托，承办与环保产业有关的事项。协会为连接政府职能部门和环境保护产业单位的桥梁和纽带，是对疆内的环保企业和会员单位行使一定的政府职能，试行行业之间的管理、自律、协调和服务的行业组织。

二、协会主要活动

新疆环保产业协会围绕环境保护设施经营资质认可、环保产品认定、登记等技术审查工作，陆续组织和开展了促进新疆环保企业发展、推动环保技术和产品研发、提高环保产品认定水平、加强环保产业协会国际交流等一系列活动。近 20 年来，新疆环保产业协会成员单位为区内污染防治提供了一定数量的环境保护产品和技术服务，并成功地引进了多项环境保护最佳实用技术。

2001 年，与新疆国际博览中心共同组织举办了"西北环境保护技术与装备展览会"。

2002 年，作为主办单位与乌鲁木齐振威展览有限公司共同举办"2002 年新疆能源、节能产品与环境技术展览会"。

2005 年 6 月，组织新疆 5 家环保企业参加了"第九届中国国际环保展览会议"，其中 3 家企业荣获金奖，新疆环保产业协会获得优秀组织奖。

1997 年、2000 年、2004 年和 2011 年，根据原国家环保总局的要求，配合原新疆环保局科技处圆满完成了对新疆环境保护及相关产业基本情况的调查工作。

2005 年 7 月，为推动中韩两国环保产业协会之间的国际交流与合作，协助原国家环保总局科技宣教司和中国环境保护产业协会，在乌鲁木齐市银都酒店成功举办了"中韩环保技术投资说明会"。

2005 年 9 月，由中国环境保护产业协会和澳大利亚维多利亚州环境部联合主办、新疆维吾尔自治区人民政府承办、新疆环保产业协会协办的"中澳环境技术合作洽谈会"在乌鲁木齐市鸿福酒店召开，并取得圆满成功。

2006 年，成功举办了"新疆环保节能产品与技术展览会"。

2007 年 7 月，举办"中国（乌鲁木齐）节能环保产品（技术）和环卫产品博览会"。

2010 年推荐的一家新疆环保企业获得 2010 年度国家骨干企业称号；配合协会会员单位组织举办了环保新技术交流研讨会。

三、协会促进环保产业发展的工作方向

1. 改善环保产业发展环境

①积极推进环保产业系统提升，改变新疆环保产业受市场、体制、技术水平、生产规模等诸多因素的影响，基础比较薄弱、结构比较单一，普遍存在着规模小、实力弱，缺少龙头环保企业等问题，不断做大做强

环保产业。

②大力推进环保实用技术成果转化，提高环保产业单位技术开发能力，增强产品技术含量，逐步改变自主知识产权的产品少，环保实用技术成果转化速度缓慢，缺乏核心技术等问题，不断增强新疆环保产业的技术竞争实力。

③建立奖惩机制，逐步改变由于受生产技术、工艺水平的限制，资金多用于扩大再生产，环保产品生产、环保技术开发等领域投入严重不足，在节能减排、资源综合利用领域投入较少，环保企业技改难度大等问题，加强企业技改环保产品的投入。

④建立环保产业资金、技术交流平台，提高环保产业服务能力，逐步改变、改善不能适应市场经济发展的需要，社会化、专业化程度低，全方位的服务体系没有建立起来，投融资环境不开放，造成许多环境治理设施运转效率较低等问题，拓展社会融资渠道。

⑤加强环保产业宣传，提高企业对节能减排、资源综合利用的认识，逐步改变多数企业在生产过程中只注重眼前效益，忽视资源加工过程中的综合利用，污染治理也只是末端治理，不能从源头、生产过程中降低废物的产生量等问题，调动和发挥企业的主动性、积极性。

2. 加强技术推广、交流，依靠科技进步推动环保产业发展

①积极组织、开展各种科技交流和技术咨询以及其他服务活动，定期举办多种形式的环保技术和产品展示会。

②积极引进、消化、推荐环保重点实用技术及产品。

③开发环保新产品、新技术。

——节水与治理污水

——烟尘治理技术

——可再生能源技术

——有机、绿色、无公害食品生产工艺技术创新

3. 重点扶持骨干企业

对生产技术、产品质量、企业管理水平较高的以及生产初具规模的环保企业要重点扶持，向有关部门呼吁对这类企业给予政策、财税等方面的支持。

积极推荐环保骨干企业。随着产业结构的调整，一批实力较强的企业逐步进入环保领域，应及时向社会推荐各种在国内领先的新技术，介绍新疆自主开发的新技术、新产品，为这些企业提供服务，并适时召开新闻发布会，使企业做大、做强。

第四节　新疆环保产业技术服务从业人员情况

一、环保产业技术服务从业人员的发展

1983年底，新疆维吾尔自治区人民政府批准成立新疆环境保护咨询中心，专门从事环境影响评价工作。

1984年1月，新疆出台了《新疆维吾尔自治区开展建设项目环境影响报告书审批办法》。

1985年1月，新疆出台了《承担编写环境影响报告书单位资格审查规定》，之后相继成立了一批环评机构。

在队伍建设方面，新疆这一时期形成了一支从事环境影响评价工作的队伍，到1989年从事环评工作的单位有34家，环评工作人员500多人。其中新疆环境保护技术咨询中心、新疆水利水电设计研究院环评中心等8家环评单位取得了综合评价证书，26家单位取得了专项评价证书。1990年环评资质改为实行甲、乙级评价证书后，新疆环保技术咨询中心、新疆水利水电设计研究院环评中心、新疆环境科学研究所、兵团设计院环评中心等4家单位取得了甲级评价证书，新疆电力设计院环评

中心、新疆化工设计院环保站等 7 家单位取得了乙级评价证书。后来新疆生物土壤沙漠研究所也获得了评价证书。到 1992 年年底,新疆共有 12 家环评持证单位。到 1998 年又增加到了 15 家环评持证单位。1993 年、1997 年新疆环保局先后两次组织对新疆所有环评持证单位进行了考核,抽查了一批环境影响报告书,评选表彰了其中的优秀环境影响报告书,并将环评单位的日常表现情况予以量化排序,对其中表现不佳的单位进行了公开批评。

1999 年以来,按照国家的有关规定和安排,不断对环评队伍进行考核、整顿。强化了环评单位的定期考核、年度考核和日常考核的管理工作,共召开 10 余次全区评价单位负责人座谈会,数次环评工作会,指正了一些评价单位的工作失误。加强了环评队伍的科学管理,促进了新疆环评质量的提高。1999 年发布了《新疆维吾尔自治区环境影响评价资格证书管理办法》;2000 年针对一些评价单位,不坚持科学评价,不敢以客观的事实和科学的数据说话,评价结论含糊,模棱两可,缺乏对具体项目的针对性,将项目的环境可行与否的结论推给审批部门的不良现象,对两家评价单位实施了通报批评并勒令停业整顿;2001 年向国家环保总局建议对考核成绩排后的两个单位新疆林业科学研究院和昌吉州水科所予以降级或吊销证书的处理,最终这两家单位被国家环保总局降级;2002 年起,对区内外评价单位实施年审注册,年审不能通过的视情节建议国家环保总局给予相应处理;初步建立了对评价单位的末位淘汰制。同时,相继申报了巴州环境工程设计所(已批准)、新疆农业大学等新的环境评价单位,电力设计院晋升为甲级环评资质,形成了对评价单位实行能进能出的动态管理机制。

2002 年以来,结合《环评法》的实施,新疆实行了评价单位定期会议制度,定期召集区内评价单位学习国家环保总局有关文件、国家产业政策、新疆有关规定和新疆环保局有关政策要求。

新疆环保局自 2004 年 6 月起,组织对区内 16 家环评证书持证单位

2000—2004 年的工作情况进行了一次全面的考核初审工作(隶属于新疆环保局的新疆环境保护科学研究院和新疆环境保护技术咨询中心由国家环保总局直接进行考核)。为每个评价单位进行了综合评分,新疆水电设计研究院、新疆化工设计研究院、新疆辐射环境监督站等单位因环评工作表现出色,在考核中取得了较好的成绩。新疆林业科学研究院由于长期以来对环评工作重视不够,缺少规范性的内部管理和质量保证措施,环评质量较差,考核结果被确定为不合格,最终该单位被国家环保总局吊销了环评证书。

2004 年,克拉玛依市环保所、阿克苏市环境咨询中心获得了环评资格证书。

2006 年 1 月,国家环保总局颁布实施的《建设项目环境影响评价资格证书管理办法》(以下简称《管理办法》),对从事环境影响评价工作的人员和单位资质提出了更加严格的要求(从业人员必须通过全国环境影响评价工程师统考才能取得环评资质证书,环评单位必须具备一定数量的持证人员才能从事环评工作,而且每隔 3 年必须重新培训注册一次)。《管理办法》的制定,提高了环评行业从业者的准入门槛,进而促进了环评报告质量的提高,使环境影响评价咨询行业的管理走向国际化、法制化和规范化。新疆的环境影响评价管理工作也进入一个新的发展提高时期,先后制定和颁布了《新疆环保局规划环评与建设项目环境管理办法(试行)》、《新疆环保局建设项目环境保护审批受理条件和受理期限规定》、《建设项目环境影响评价审批文件的基本要求》、《环境影响报告书(表)技术评估基本要求》、《新疆建设项目环境影响评价审批绿色通道管理办法(试行)》、《新疆建设项目环境影响评价文件分级审批规定(试行)》等一系列地方法规,对新疆的环境影响评价工作发展具有积极的促进作用。

2010 年 8 月,为加强新疆建设项目环境影响评价工作的管理,规范环评机构及从业人员的职业行为,提高环境影响评价工作质量,根据《中华人民共和国环境影响评价法》、《建设项目环境影响评价资质管理办法》以及《环境保护部关于加强环境影响评价机构及从业人员管理的通知》(环发[2008]69号)等法律法规及有关要求,结合新疆实际,新疆环保厅制定了《新疆维吾尔自治区环境影响评价机构考核管理办法(试行)》和《新疆维吾尔自治区环境影响评价资质管理暂行办法(试行)》。

二、环保产业技术服务从业范围

截止到 2010 年,新疆从事环评工作的单位有 20 家,其中甲级 5 家,乙级 15 家,评价范围涵盖建材火电、农林水利、化工石化医药、采掘、交通运输、轻工纺织化纤、社会区域、冶金机电、输变电及广电通信、核工业等行业。